编者的话

■ 焦舰

建筑、技术、材料，是个没有观点的题目，尽管有各种重技的流派宣泄着某种膜拜，可又是建筑师的“执业”之本，即使你只被轻蔑的唤作“匠人”。在某些历史阶段，它造就了大师，直接引发革命。

建筑、技术、材料，是个无法穷尽的题目，甚至很难历数它的子项，但每一位建筑师都会有自己的选择和喜好，某些发展为风格、某些升华为观念。

因此，建筑、技术、材料是个有着许多观点可说的题目。

最通俗概括的说法，材料技术是建筑的引擎，前者的高速运转带动后者的前行。即使最勇敢的建筑师也是被动的。难道只是人类发展的欲望驱动这一切吗？难道它不是向千万年人类心灵中的理想伸出的枝蔓吗？住居的理想——去读《模式语言》，去读路易·康的“静谧”，或者我们直接摘抄这样一段文字，那是施尼姿勒在1954年第一次造访了密斯的标志性作品，钢和玻璃的高层建筑——湖滨公寓，她的体会正可以形象地说明亿万年来藏在我们心底的一个梦：“这是一个星星闪烁的夜晚，我睡不着，因为我感到星星将会降到我的头上，我身不由己如同漂浮在天地之间。”

在可持续性发展的大思路中，高耗能的技术和材料正在受到批评，毕竟我们要的是工业文明的花园，不是浪费巨大财富的废墟。一些材料被重新定义，比如玻璃、木材，而它们的新生又是技术革新带来的。技术和材料之间的紧密互动也值得关注。

技术和材料也是建筑的外在标征，对于本土风格的建筑也是如此。在国际化的大潮中，建筑本土化努力是冲浪的舢板，不抗拒新材料、新技术，甚而妙笔生辉。是什么给了他们灵感？皮阿诺的新卡来多纳的文化中心，是回顾的也是前瞻的，当建筑师回顾的时候，会发现宝藏，静静的就在那里。

对于建筑师，外在标征最终会具体到手法。现在建筑师的时髦手法往往来自某项技术成果。像建筑学学生作业中总会出现的丝网印刷，技术或材料不见得多前沿，慧眼拾珠或巧妙演绎后令人耳目一新。这是个有趣的游戏，技术和材料是无尽的疆界等待着探宝者。有做纸建筑的明星，就会有做竹子的，但发现就是完成吗？它的气质、它的生命呢？人的心理感受呢？

从另一个方面讲，日新月异的辅助设计技术帮我们做了许多 “不可能完成”的任务，当那些以前只能停留在图纸上的形象屹立眼前，真是令人欢欣。楼会更高、跨度会更大、形体会更复杂，但如果不是以挑战极限为目的，会得到更多有意思的结果，没有计算机辅助，国家体育馆的“鸟巢”方案很难实现，那个有如森林中斑驳光影的空间怕也只能是想像。

建筑、技术、材料，是个蕴涵着无数内容的题目，我们会一点点将它们铺陈。但它们背后的力量，它们对生活的影响是人文的、社会性的。尽管在现代心理学、语言学的影响下建筑心理学、类型学等课题有所开拓，但最终能够量化的程度值得怀疑，而且像“骇客帝国”那样用数字模拟的人生可怕得令人恐怖。正因为心灵的敏感、微妙、甚至神秘，建筑才会因着阴、晴、雨、雪，因着人来人往，而有了生命。希望材料和技术是这生命的骨肉，希望我们能给它们灵魂。

编 委 会 委 员 简 介

（按姓氏笔划顺序排列）

目录 CONTENTS

可持续的建筑、技术和材料

■ 叶耀先

提要：建筑耗用世界1/6抽取的水量、1/4开采的木材和2/5流通的材料和能源。可持续建筑是能够有效地利用资源、增进健康、构筑美好环境、降低成本和节省开支的建筑。本文在简述可持续理念以后，着重探讨了可持续建筑、可持续建筑技术、以及可持续建筑材料和产品，并辅以相关的案例，最后，在结语中，简要阐述了把可持续理念融入建筑全寿命所需要考虑的若干问题。

关键词：可持续 建筑 技术 材料 全寿命

→1

→2

→3

→4

可持续理念

人类总是要和他们所处的环境打交道，试图控制环境，使他们的周围环境安全而舒适。然而，自从工业革命以来，人类的活动产生了全球的影响。污染的加剧和能源需求的增加造成一系列的环境问题，诸如空气和水体污染，环境破坏和全球变暖等。这些问题最终会威胁我们的子孙后代。我们必须现在就行动起来，改变同星球打交道的方式，我们必须成为星球的保护者，而不是它的榨取者。.

可持续性(Sustainability)概念的提出，就是以实际行动来改变我们同我们星球打交道的方式。最先提出这个概念的是挪威首相Gro Brundtland。她在1987年把可持续性表述为"为后代留下充足的资源，使他们能享有同我们类似的生活质量"。1987年世界环境与发展委员会(WCED)则将可持续发展(Sustainable Development)表述为"发展满足当代人的需要和抱负，又不影响后代人满足他们自身需要和抱负的能力"。这个表述强调，可持续的要旨是，保证人类活动不影响我们共同依赖的地球的最重要的生命支持系统，使人类得以永远生存下去。我国国家计委、国家科委在关于进一步推动实施《中国21世纪议程》的意见中，将可持续发展定义为："可持续发展就是既要考虑当前发展的需要，又要考虑未来发展的需要，不以牺牲后代人的利益为代价来满足当代人利益的发展；可持续发展就是人口、经济、社会、资源和环境的协调发展，既要达到发展经济的目的，又要保护人类赖以生存的自然资源和环境，使我们的子孙后代能够永续发展和安居乐业。"总之，人类在寻求可持续发展的过程中，必须牢记，在满足需要和实现抱负的同时，一定要最大限度地减少物质和能源消耗，避免对环境生命支持系统的负面影响。

可持续建筑

建筑业是典型的立足于资源和能源大量消耗的产业。我们生活和工作在其中的现代建筑，造成了森林面积减少、全球温度升高、超量用水和酸雨。全世界55%的木材、40%的材料和能源用于建筑业和建筑的运行。建筑每年消耗30亿吨原材料，为全球原材料用量的40%。在新建和改建的建筑中，有30%会使室内人员引发“病态建筑综合症”（Sick Building Syndrome，SBS）或“与建筑有关的疾病”（Building Related Illness，BRI）。

可持续建筑（亦称绿色建筑，或生态建筑）是以生态和有效利用资源的方式设计、建造、改建、运行或再利用的建筑，是把可持续理念融入建筑全寿命（从场地、规划、设计、施工、运行、维护、拆除和建筑废料处理的全过程）的建筑。很多人不了解可持续建筑，认为它造价高，可能没有市场。其实，国际上的实践说明，可持续建筑同一般建筑相比有很多优点，例如：供热、空调和采光的费用少，使运行费用降低；建筑的舒适度和使用功能提高，使售价和租金增加；使用能源少，从而减少对环境的污染；建筑材料耗用少，资源利用效能高；生活和工作空间更为健康，从而能提高工作效率，减少疾病发生等等。从建筑的全寿命考虑，可持续建筑的总费用比一般建筑低，而且有利于保护我们的星球。

可持续建筑遵循以下原则：

（1）消耗资源最少：即把能源和原材料（特别是不可再生资源）的使用降到最低限度，例如用被动方法为建筑物提供供热、制冷、通风和照明，采用高效率系统、高度隔绝、低水流设备和高性能窗户，采用耐久性高、使用寿命长，保养要求低的材料等。

（2）资源再利用最多：即尽量再利用已经用过的资源。再利用物品只是用过的，但未受损伤，再加工量极少。在建设行业，门、窗和砖等建筑制品的再利用是可行的，因为业主和建筑师都有怀旧心理。

（3）使用再生资源：包括把废弃物品还原成原材料，再用其做成新产品，如木结构，秸秆墙板，含再生轮胎或玻璃的面砖，再生塑料制成的屋面板，粉煤灰取代水泥等；利用可再生能源（如太阳能和风能）；以及从经过检定合格的可持续林区（以保护环境方式经营森林资源的林区）购买木材等。

（4）保护自然环境：例如，盖过房子的地方，可通过改造和去除有毒成分恢复到接近其原来的状态；河道取直的滥用，沼泽地排水和乱伐森林等可在今后的建设中采取明智的干预予以补救；不论是伐木、采矿，或是消耗能源，都应当把对环境的影响减至最小。漠视环境的建设可能导致资源耗尽，植物和野生生物灭绝，以及水和空气污染。

（5）创建健康无毒环境：城乡建设所用的各种产品和实际建设过程都伴生极大威胁着人类健康和幸福的各种各样的有害和有毒的物质。对有毒的材料，必须细心处理，除非制造商能把有害和有毒的物质

→5

→6

→7

→（图1～图5）加拿大 Hinton 镇政府中心办公楼
→（图6）美国西雅图西北联邦信用合作社办公楼南／东立面
→（图7）美国西雅图西北联邦信用合作社办公楼北立面

放在一个密闭的系统里，如将水银用于温度自动调节器、荧光灯管和电视机。逆向配给是一个新的思路，其想法是把产品返回给制造商，抽取出有毒的材料，再用于其他产品，美国环保部门和其他机构正着手考虑付诸实施。选用不会对周围环境散发废气或有害粒状物的材料以获得优良的室内空气质量。景观设计应选用种植耐寒、耐旱和抗虫植物，土生土长的植物常常具有这些优良品质。

(6) 追求质量：包括通过规划减少车行，增加人际交往活动，提供优良的生活质量和优秀的建筑设计。

根据上述原则建成的可持续建筑在世界上已有不少实例。

加拿大Hinton镇政府中心办公楼（图1～图5）所采取的可持续对策有：保护场地，场地整备时不要的表土和种子层堆存再利用；建筑朝向按减少夏季西晒和强光原则考虑；采用日光，减少人工照明；开窗局部通风，提高舒适度，减少制冷开销；采用高位楼板，以供安装电缆和通风，提高能效；采用当地的木材和维护材料，把对环境的影响降低到最小；办公的包装材料再利用和室内、室外设施同市政再利用系统相连；通过降低50%运行能源和采用能源消耗少的建筑材料，同一般建筑相比，把温室气体散发降低到50%以上；提高建筑性能不需另外增加基建投资，减少的运行费用可冲抵增加的费用；每年节约能源开支在3万美元以上等。结果达到了镇政府原先要为新千年设计和建造一个环境可持续和技术整合的工作场所的承诺。

美国西雅图西北联邦信用合作社（the NW Federal Credit Union）办公楼注重建筑总体性能分析研究，特别是通过内外温度测定，使用人员舒适度评价和计算机模拟分析外部遮阳结构及其性能。外部遮阳结构在全年虽然并非完全有效，但南面大的天篷和其他遮阳结构一起在春末、夏季和早秋能有效地遮阳。冬天遮阳结构使一层和二层的一部分仍可直接获得阳光照射（图6～图9）。

美国Illinois的节能住宅（图10），系根据能源部计划兴建，采用了先进的设计技术、保温隔热和管道系统。

可持续建筑技术

可持续建筑技术包括评价体系，新技术和新产品开发，规划和设计方法，规范和手册的编制，以及实施技术等等。实践证明，综合运用古代技术和现有技术，融入可持续理念，设计和建造出来的可持续建筑，不但可以去除几乎所有新建筑所带来的对环境和人类的危害，大大减少运行费用，而且能保持人们所期望的功能。例如：荷兰阿姆斯特丹的The1987 Internationale Nederlanden (ING) 银行总部办

→8

→9

→10

公楼，所用能源仅为过去的10%，在职人员减少15%，每年综合节省340万美元；美国加州按太阳能取暖后的住房价格比附近的传统住房价格高出12%；美国得克萨斯的一栋经济适用住房，由于采用有效的设备和太阳能取暖，使住户每年减少450美元开支，而增加的抵押付款每年仅为156美元；美国纽约48层148640m²的Four Times Square商业大厦，采用高能效的构配件和可持续建筑材料，确保室内空气质量，并对施工、运行和维护承担责任，不但回报高，而且使用率达100%。所以，这种既有利于环境又可节省开支的新生事物正在迅速传播，可持续建筑已经成为世界普遍关注的一个新的领域。

可持续建筑不能单靠性能、质量、成本和时间等四个传统的指标来评价，必须增加一整套考虑环境影响的原则和指标，例如耗用资源和能源最少、防止环境退化和提供满意和健康的环境等（图11）。

可持续建筑材料选用的技术标准包括三个方面：（1）所体现的能源含量，就是在获得资源、生产产品和安装等阶段，以及各个阶段之间的运输等所需要的能源总量，它为对比各种产品所包含的单一资源和能源数量提供了手段，知道各种结构系统中，那一种具有最低的能源投入。（2）温室效应气体数量，即材料在生产过程中所排放出来的能使地球温度升高的气体数量。如果用矿物燃料，则在材料生产过程中产生的二氧化碳和甲烷就是温室效应气体。（3）产生的有毒成分和含量。在选择建筑材料时，必须综合考虑这些技术标准再作决策。例如，对于独户住宅结构，选用木框架还是钢框架？有人马上会说，选木框架，因为木材所体现的能源最低，而且只产生少量的温室效应气体。但是，如果钢材可以100%地再利用，而木材则来自管理很差的单种栽培的森林，那又会怎么样呢？到底那一个是更好的选择？还可进一步争辩说，树木有吸收二氧化碳的作用，砍去树木，实际上是助长温室效应。可见，这些问题都需要深入的分析研究。

现在的窗玻璃多数还是采用透明的单层玻璃。虽然玻璃耐久而且阳光透过率很高，但是热流阻抗（R）却很低。近30多年来，新的、性能好的玻璃材料相继问世，如图12所示。

利用土来节约能源的古代技术仍然在支持可持续建筑（图13、图14）。

有效地利用太阳能是可持续建筑的重要组成部分，抛物线槽太阳能收集器的开发，就是在这方面的可喜的进展（图15）。

为了较大地减少运行费用和温室气体散发，改善人的工作、学习和生活环境，需要可持续建筑设计，即在一个建筑项目的早期规划阶段，就把建筑、工程、施工和业主要求整合起来，以实现质量优良，墙体、门窗和屋顶保温隔热好，使用较小规模的机械和电气系统，从而降低能耗和运行费用。如果设计能够很好地整合，项目的基建费用不会增加。可持续建筑设计还包括创造更健康的建筑，即更好的室内空气质量，改善工作人员的健康状况和提高他们的劳动生产率；提高照明质量，减少眼睛疲劳；再利用现有建筑材料，以减少建筑废料。可持续建筑设计甚至还考虑拟建新建筑的地点，使其靠近公共交通系统或自行车道，以减少对停车位的需求。

有意识的环境设计是可持续建筑的重要内容，例如：选择房屋朝向，尽可能使更多的面积朝阳；在外门设墙、植树挡风，因为德国研究表明，低保温独立房屋50%能源损失来自空气流动；根据热等级精心布设房间，使供热期间房间之间、房间与室外平均温差显著降低；设计紧凑，尽可能使房间的表面面积与其体积之比最小；采用外面隔热，内部提供足够的热质量，因为室内隔热和用轻质墙体会造成室内闷热；采用低温供热系统，可比一般高温供热系统节能7%；在同等舒适条件下，用发射辐射热装置供热的房间所需温度比用一般对流传热供热的房间所需温度低2～3℃，即可节约11%能源；设置通气窗、挑出屋顶和反射面是炎热季节降温的简易措施，可节约空调能源；尽可能利用地方建筑材料以节约能源、减少运输造成的污染；利用寿命长、可再利用或废弃时无污染的建筑部件；利用雨水等。

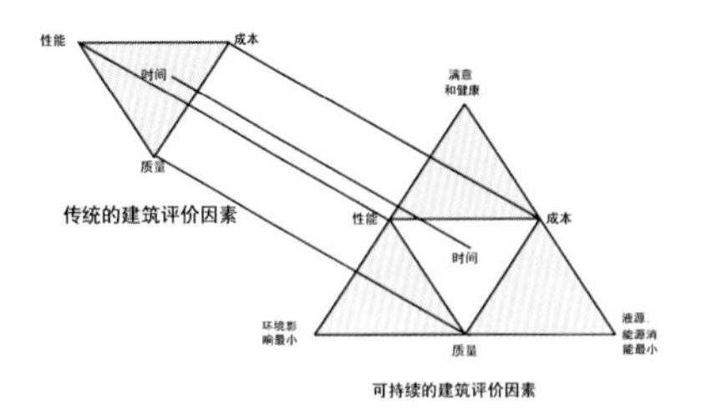

→ 11

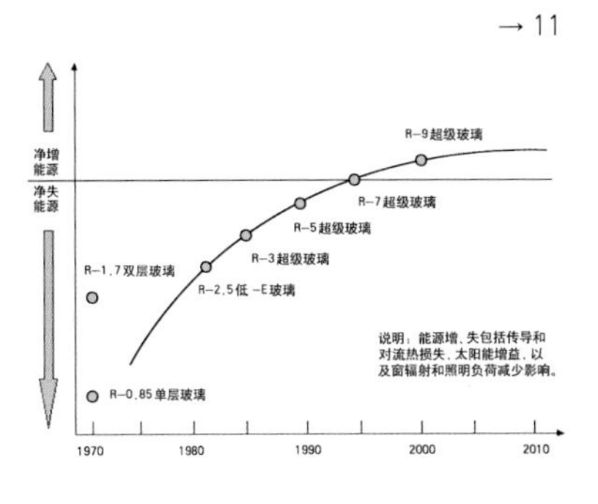

→ 12

→（图8、图9）美国西雅图西北联邦信用合作社办公楼
→（图10）美国Illinois的节能住宅
→（图11）传统的和可持续的建筑评价因素
→（图12）窗用玻璃材料的发展

可持续建筑材料和产品

全世界建筑业每年消耗30亿吨原材料，占全球所用原材料的40%。可持续建筑材料和产品是由可再利用的原材料制成。采用可持续建筑材料和产品是可持续建筑设计的重要环节。

采用可持续建筑材料和产品对建筑的业主和用户有很多好处，例如：在建筑全寿命期间可减少维护和更新费用，节约能源，改善用户的健康状况和提高劳动生产率，降低改变室内布局的费用，以及增加设计的灵活性等。把可持续建筑材料和产品整合地应用到建筑项目中去，有助于减少原材料开采、运输、加工、制造、安装、回收、再利用和处理过程中对环境的影响。

可持续建筑材料和产品的选择应遵循以下五条标准：

（1）资源效能高，包括材料和产品符合以下要求：

— 含有可回收利用的成分；

— 材料来自可持续管理的生产地，最好有独立的证书，并有独立的第三者的证明，比如有证书的木材；

— 以有效利用资源的方式加工，包括节能、使废料最少和减少温室气体；

— 当地能够生产并提供，以节省运到工地所需的能源和资源；

— 为综合利用的、整修的或再制造的；

— 超过使用寿命后容易回收再利用；

— 包装可以回收再利用；

— 同一般材料和产品相比，耐久性高，使用寿命长。

（2）室内空气质量好，包括材料和产品符合以下要求：

— 生产厂商通过合适的试验表明，基本不散发或没有致癌物质、再生有毒物质或刺激物质；

— 散发的挥发性有机化合物（Volatile Organic Compounds，VOC）最少，而且在减少化学物质散发时资源和能源效能最好；

— 安装时散发的挥发性有机化合物最少，或采用无VOC机械固定法安装，而且危险性最小；

— 抗潮湿或能抑制房屋内的生物污染物的繁殖；

— 可用简单、无毒或低VOC方法清理和维护；

— 通过检查室内空气污染物或提高空气质量，证明材料和产品对健康无害。

（3）能源效能高，有助于降低房屋和设备的能源消耗。

（4）节约用水，有助于减少房屋里的用水量和有景观地方的节水。

（5）不超过预算额度，同一般材料和产品相比或者在总体上，材料和产品的全寿命费用在项目总预算所确定额度之内。

美国国家标准和技术研究所的建筑和防火研究室已经开发出名为BEES（Building for Environmental and Economic Sustainability）的软件，可用来选择建筑材料和产品。该软件采用全寿命评价（Life Cycle Assessment，LCA）方法，使用户能够在建筑材料和产品的环境和经济性能之间取得平衡。比如说，有5种建筑材料可以供设计人员选择，材料D和E从经济和环境两方面看，显然都不如其他材料，首先予以淘汰。材料A 全寿命花费最高，但全寿命环境性能最好。材料C则相反，全寿命花费最低，但全寿命环境性能最差。材料B与材料C相比，全寿命经济费用稍有增加，但全寿命环境性能却得到改善。设计人员可根据经济和环境的相对重要性，从A，B，C 三种材料中选择一种（图16）。

→13

→14

→（图13、图14）建在小山边的住房，一到两面外露，其他面覆土，有时屋顶也堆上土

→（图15）抛物线槽太阳能收集器

→（图16）全寿命经济费用和环境影响的平衡

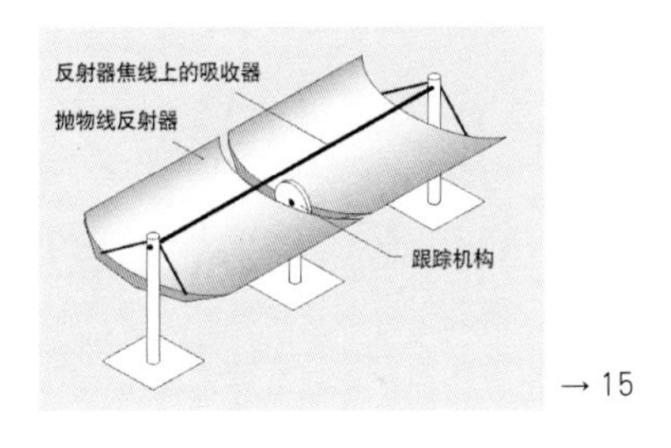

→ 15

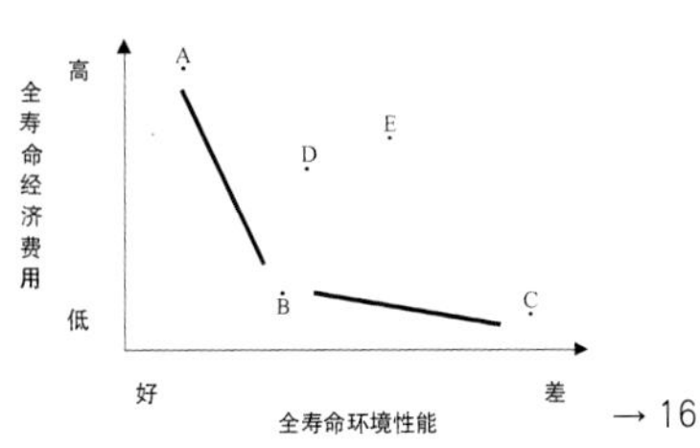

→ 16

结 语

可持续的建筑、技术、材料和产品是建筑业的发展方向和趋势。为了向这个方向发展，我们必须注意考虑以下问题：

（1）能效和再生能源：包括建筑朝向（阳光进入、遮阳和天然采光），小气候对建筑的影响，建筑外墙和屋顶的热效率，窗户排列和设计，规模适当而有效的供热、通风和空气调节系统，可替代能源，尽量降低照明、用具和设备的电负荷。

（2）直接和间接环境影响：包括施工时场地和植被的完整，采用整合的有害物管理，景观采用本地植物，尽可能不破坏流域和集水区，材料选用对资源枯竭、空气和水体污染的影响，采用本地建筑材料，以及生产建筑材料所耗用的能源总量。

（3）资源保护和再利用：包括采用再生的或含有再生材料成分的建筑产品，建筑部件、设备、家具和陈设的再利用，通过再利用和再生尽可能减少建筑废料和拆房的建筑垃圾，建筑使用人员方便使用再生设施，通过水再利用和节水设施尽可能减少生活污水，利用雨水灌溉，在建筑运行中节约用水，以及采用可供选择的污水处理方法。

（4）室内环境质量：包括建筑材料易挥发的有机成分含量，尽可能减少微生物繁殖机会，适量的新鲜空气供给，控制清洗材料中化学成分的易挥发性，尽可能减少办公设备和室内生物的污染源，适当的声学控制，以及易于享受阳光和公共娱乐设施。

（5）社区问题：包括有公交系统和步行道或自行车道通达，关注社区的文化和历史，影响建筑设计和建筑材料的气候特性，推进可持续设计的地方激励政策和规定，社区内处理拆除建筑废料的设施，以及当地现有的环保产品和经验。

（6）全寿命观念：建筑的全寿命就是从场地选择、规划、设计、施工、使用、维护到最终拆除的全过程。它是评价可持续建筑的时间标尺。要从全寿命来评价建筑必须积累数据，没有充足的数据，建筑的全寿命评价只是一句空话。

参考文献

1.叶耀先.世界建筑技术展望．中国建筑业改革十年．北京：中国建筑工业出版社，1990
2.叶耀先.当代建筑技术发展的八大趋势.建筑学报.1990(3)
3.叶耀先.走向21世纪的建筑技术和城市，建筑学报，1994(1、2)
4.叶耀先.21世纪建筑．建筑学报，1996(2)
5.叶耀先，贾岚.可持续建筑的原则.建筑经济.1997(12)：24～27
6.叶耀先.建筑业走向可持续发展的原则和途径，可持续发展：人类关怀未来.长春：黑龙江教育出版社，1998
7.叶耀先.21世纪建筑和住宅的方向——可持续发展带来的新思考．中国人口、资源与环境，2000(3)
8.叶耀先.卫生而可持续的城镇发展模式．小城镇建，2000(3)
9.叶耀先.世界发展趋势和可持续的小城镇建设．小城镇建设，2000(6)
10.Pearce, A. R. .2000. Sustainable Building Materials: A Primer,
http://maven.gtri.gatech.edu/sfi/resources/pdf/TR/TR015.PDF
11.WCED (World Commission on Environment and Development. 1987. Our Common Future.
Oxfotd University Press, Oxford, UK.
12.Lynn M. Froeschle .1999. "Environmental Assessment and Specification of Green Building
Materials," The Construction Specifier, October, p. 53
13.D.M. Roodman and N. Lenssen.1995. A Building Revolution: How Ecology and Health Concerns
are Transforming Construction, Worldwatch Paper 124, Worldwatch Institute, Washington,
D.C., March, p. 5.
14.Ross Spiegel and Dru Meadows .1999. Green Building Materials: A Guide to Product Selection
and Specification, John Wiley & Sons, Inc., New York
15.Sustainable Building Task Force and the State and Consumer Services Agency. 1996. Building
Better Buildings: A Blueprint for Sustainable State facilities.
http://www.ciwmb.gov/GreenBuilding/Blueprint.pdf
16.California Energy Commission. Sustainable Building,
http://www.consumerenegycenter.org/homeandwork/office/sustainable....
17.Public Technology Inc. and US Green Building Council. Sustainable Building Technical manual —
Green Building Design, Construction, and Operation.
18.NREL (National Renewable Energy Laboratory). 2000. Elements of an Energy — Efficient House,
http://www.nrel.gov/docs/fy00osti/27835.pdf

建筑玻璃新发展

■ 马眷荣

在建筑工业发展的带动下，建筑玻璃材料近年也有超常的发展，其中仅平板玻璃产量就超过1000万吨，接近全球产量的30%，位居世界第一。建筑玻璃的品种日益增多，其功能日渐优异，已经完全不是过去概念中的透光围护材料，除最基本的采光功能外，今天的建筑玻璃还具有节能、安全、装饰、隔声等等功能，甚至在一些建筑场合用作结构材料。本文综合国外和国内建筑玻璃的新发展，希望能够勾画出建筑玻璃的一个总体情况和发展趋势。

一、建筑玻璃是一个大家族

以往的概念仅仅视窗玻璃为建筑玻璃，这是由于多年来玻璃只作为采光围护材料用于窗户而已。从上世纪50年代以来，建筑玻璃开始突破采光的单一功能，发展成为建筑材料的一个较大的类别。建筑玻璃有多种分类方法，针对建筑应用比较常用的是按功能分类（参见图1）。

二、玻璃成为结构材料

传统意义的建筑玻璃仅承受自重、风压和温度应力三种荷载，由于设计的板面尺寸较小，这些荷载所造成的应力一般不超过10～20MPa。随着增强玻璃的问世和增强技术的不断提高，建筑设计师已将玻璃作为一种结构材料来使用，使玻璃的采光、围护、装饰等多项功能得到更广泛地结合与应用。

玻璃用作结构构件从无框玻璃门和采光屋顶开始，以后又出现了点支式幕墙和玻璃地面、玻璃楼梯踏板、水箱挡板等。用作结构构件的玻璃其承载方式主要有两种，点支承和边部支承。荷载主要有集中荷载和均布荷载，又可分为静荷载和活荷载，前者由自重、水压、雪载等构成，后者由人体荷载或风荷载构成。

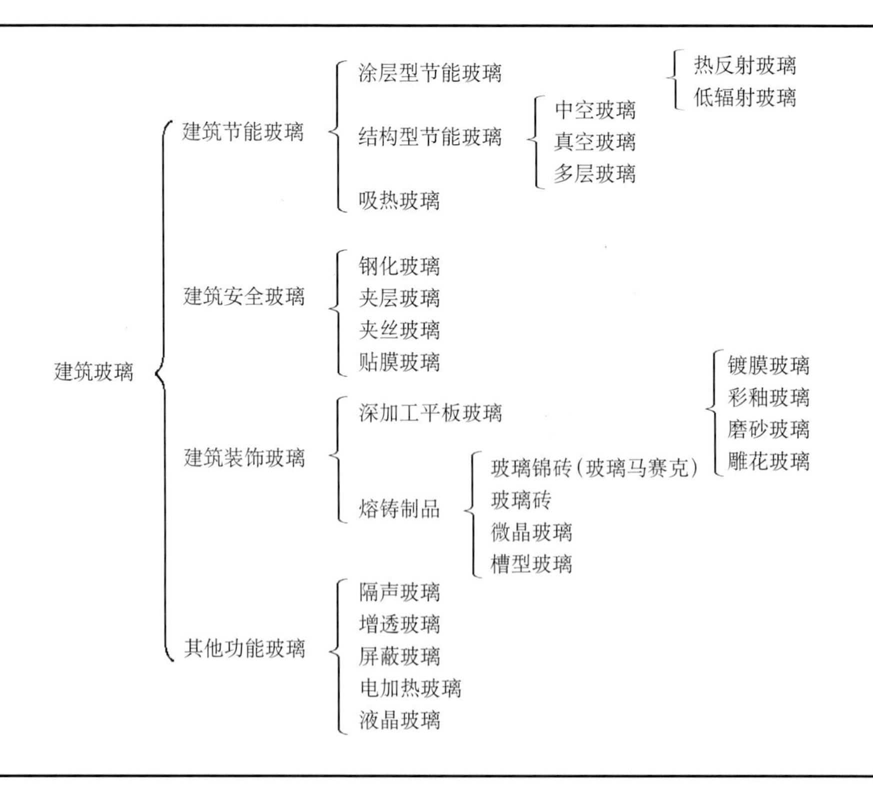

→1

增强技术的发展使玻璃的许用应力不断提高，目前经过综合增强的玻璃强度能够达到1000 MPa以上，可供商业化使用的玻璃能够保证强度在500MPa。由于玻璃是典型的脆性材料，在保证较小破损概率的条件下，建筑玻璃的强度设计值最高可以用到63MPa，这使玻璃能够作为结构材料，给建筑设计师发挥想像力提供了更多的选择。

三、节能要求日益提高

建筑采暖和空调所消耗的能源总量越来越大，目前已占人类商业总能耗的5%～20%，呈纬度越高能耗越大的趋势。建筑物的门窗洞口是节能的薄弱环节，建筑物在使用过程中所消耗的能源有近一半是通过门窗流失的，玻璃作为门窗结构的最主要材料，其节能的性能日益引起重视。

为满足对建筑玻璃节能的要求，玻璃业界研究开发了多种建筑节能玻璃。热反射玻璃是节能涂层型玻璃最早开发的品种，商业化应用已有几十年。热反射玻璃是在平板玻璃表面镀覆单层或多层金属及金属氧化物薄膜，该薄膜对阳光有较强的反射作用，尤其是对阳光中红外光的反射具有节能意义（见图2）。热反射玻璃有许多品种，根据建筑要求可以对色泽和反射率指标进行选择，在节能的同时还具有镜面装饰效果，已为众多建筑设计师知晓。在热反射玻璃的设计应用中要注意处理好节能与装饰两种效果的和谐，避免或减轻光污染和热污染的负面作用。

低辐射玻璃在建筑上的广泛应用是20世纪90年代在欧美发达国家开始的，它具有反射远红外的性能，可以阻挡高温场向低温场的热流辐射（见图3），既可以防止夏季热能入室，也可以防止冬季热能泄露。由于低辐射玻璃所具有的双向节能效果，无论在寒带、热带或是温带都可以用做节能窗玻璃或幕墙玻璃。采用低辐射玻璃的节能效果明显，磁控溅射镀覆低辐射膜层的玻璃其辐射率为0.04～0.15，在线化学气相沉积工艺制备的玻璃其辐射率为0.20～0.28。采用低辐射玻璃制成中空玻璃后，传热系数可以达到1.5～2.0W/(m^2·K)，较高水平的低辐射中空玻璃的辐射率可以接近1 W/(m^2·K)，如德国莱宝公司做到1.12 W/(m^2·K)、丹麦威卢克斯公司做到1.02 W/(m^2·K)。

吸热玻璃也是节能玻璃的一个品种，又称作本体着色玻璃，从20世纪80年代起开始逐步推广使用，其节能原理是通过吸收阳光中的红外线使透过玻璃的热能衰减。在我国城乡到处可以见到吸热玻璃的应用，但是大多数使用者并非出于节能目的，而仅仅关注了玻璃的色彩效果，造成最重要的节能功能没有很好发挥。近年美国PPG公司对吸热玻璃做了进一步研发，提高了吸热玻璃的红外吸收率，同时降低了它的可见光吸收率，使这种“超吸热玻璃”具有更高的可见光透过率和红外吸收率，在提高节能效果的同时降低了色污染的负面影响，目前对太阳能吸收率可以达到60%左右、可见光透过率在70%左右，比普通吸热玻璃提高近一半。

上述热反射玻璃、低辐射玻璃和吸热玻璃的节能机理都是基于阻挡热能辐射流动的思路，还有一类节能玻璃是基于降低热传导的思路，如中空玻璃、真空玻璃、双层玻璃等品种，利用两层玻璃间的空气或真空降低结构的传热系数达到保温的目的。

建筑玻璃热工设计准则规定：对于夏热冬暖地区，如长江以南的广大地区，应选择遮蔽系数小的玻璃，以尽可能减少强烈日照造成的室内温升，降低空调负荷，提高节能指标；对于严寒和寒冷地区，如黄河以北的华北、东北、西北等地区，应选择热传导系数小的玻璃，以降低由于室内外温差造成的采暖能量消耗。

在不同的环境条件下，正确选择和使用节能玻璃也是建筑设计师应该留意的，使玻璃的热工性能发挥到最佳状态。由于节能玻璃在我国应用时间不长，《建筑玻璃应用技术规程》有关节能设计的内容是2002年修订时新加入的，所

→ 2

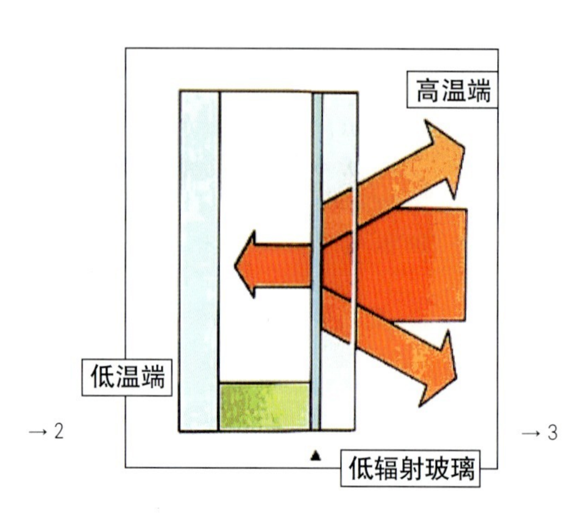

→ 3

以建筑界与用户对玻璃的热工性能了解不够全面。在相当一部分建筑物，建筑节能玻璃的使用没有扬长避短。如热反射玻璃的节能作用体现在阻挡太阳能进入室内，可以降低空调制冷负荷，在冬季或日照量偏少的地区反而会增加取暖的负荷，要综合考虑其热工性能的地区差异与季节差异来决定取舍。又如经常见到的吸热玻璃单片使用现象，吸热玻璃靠吸收太阳能来减少进入室内的热能，在吸收太阳能的同时玻璃温度升高，玻璃本身成为热辐射源，在窗的周围形成热辐射区，节能效果要大打折扣。

四、安全问题引起重视

随着社会文明的发展，建筑玻璃的安全日益引起重视，在科学合理使用安全玻璃的认识上仍然存在两个问题：其一是对安全玻璃的使用持犹疑态度，其二是过度强调安全性。这两个问题都是片面理解了建筑玻璃安全性需求。涉及建筑玻璃安全要求的场合主要有三种：可能发生玻璃高空坠落的场合，可能发生人体碰撞的场合与防止暴力、火灾等灾难事故的场合。随着建筑玻璃日益广泛的应用和品种的发展，因玻璃而发生的灾难或次生灾难多有发生，如玻璃从空中坠落伤及路人、玻璃门破碎刺伤顾客等消息时常见诸报道。玻璃是典型的脆性材料，其破坏具有突然性，且碎片呈尖角和锐边，所以在人群活动频繁的场所必须要考虑安全性。

《建筑玻璃应用技术规程》对玻璃安全性作了明确规定：安装在易于受到人体或物体碰撞部位的建筑玻璃，如落地窗、玻璃门、玻璃隔断等，除必须采用安全玻璃外还应采取保护措施；保护措施应视易发生碰撞的建筑玻璃所处的具体部位不同，分别采取警示（在视线高度设醒目标志）或防碰撞设施（设置护栏）等，对于碰撞后可能发生高处人体或玻璃坠落的情况，必须采用可靠的护栏；两边支承的屋面玻璃，应支撑在玻璃的长边；屋面玻璃必须使用安全玻璃，当屋面玻璃最高点离地面大于5m时，必须使用夹层玻璃；玻璃的最大应力设计值应按弹性力学计算，不得超过强度设计值；用于屋面的夹层玻璃，夹层胶片厚度不应小于0.76mm，以及屋面玻璃受力计算的有关规定。以上规定均为强制性条款。

由于人们对小概率灾害的漠视、对建筑安全玻璃价格和性能比的错觉，在很多应该采用安全玻璃的场合还没有使用安全玻璃。随着人类文明的进步，“以人为本”的观念日益受到重视，安全性的要求越来越高，对小概率灾害的防范也开始提上日程。经济越发达，人们对小概率灾害的防范范围扩得越大，相对于当今人类经济发展水平，《建筑玻璃应用技术规程》已经对建筑玻璃的安全性提出了足够高的要求。一些地方性法规所提出的更高要求与经济发展水平不相适应，如高层垂直窗、幕墙玻璃等亦强制采用安全玻璃，笔者认为是为极小概率灾害花费了超过经济水平的投资。

对于高层建筑的外窗和玻璃幕墙，在风、地震和其他偶然因素作用下，也有可能发生高空坠落。对这种极小概率事件通常的做法是建筑物周边不设人行道，用绿地隔出安全带，也可以采用半钢化玻璃提高抗风压和耐地震能力。在我国部分城市颁布了地方性法规，对高层建筑使用的建筑玻璃提出较严格的安全性要求。关于玻璃幕墙是否应强制使用安全玻璃国内外一直都存在不同见解，在世界各国的国家级标准或规范中均未作强制性要求。应该区分情况，不能笼统地使用一个原则，可作如下的分析：安全性与经济性始终是一对矛盾，安全性是不可能提高到百分之百的，在提高安全水平时需多大的经济付出要进行分析。偏重经济性

→（图1）按使用功能对建筑玻璃分类
→（图2）热反射玻璃可以阻挡阳光中的红外部分进入室内，具有降低空调负荷的节能效果
→（图3）低辐射玻璃的节能原理图

考虑时，可以采取玻璃小分割或半钢化的对策；偏重安全性考虑时，则采用安全玻璃。对人群密集地区的建筑物可以区别对待，如采取广州的做法，提出强制性要求。对非人群密集地区的建筑物，可以采取绿化带隔离等办法。另一方面，使用安全玻璃提高造价并不仅仅获得安全性的效益，还有提高强度减小玻璃厚度（如钢化玻璃）、改善隔声性能（如夹层玻璃）、增加防盗功能（如采用夹层玻璃和自动锁紧窗框可免去防盗网）等多方面的效益，从经济与性能比去评价不一定不划算。

五、多功能化成为趋势

建筑玻璃的品种开发得越来越多，多功能化是现在和未来的主要发展方向。在诸多的建筑玻璃功能中，最主要的待发展功能有：进一步提高节能指标，与建筑节能相匹配，从目前的2.5～4.0 W/(m^2·K)提高到小于2.0 W/(m^2·K)的水平；更充分地利用太阳能，提高可见光的透过率，发展太阳能集热和太阳能电池技术；提高隔声效果，防止噪声侵扰；净化信息环境，阻隔电磁污染；在保证使用功能的前提下，发挥更好的装饰效果；进行多功能组合，一个玻璃组件具备多项功能等。

如何进一步提高节能指标，从国外发展趋势看，第一是提高现有建筑玻璃产品的性能指标，第二是研发新品种。采用干燥空气层的一般双层中空玻璃，传热系数在3W/(m^2·K)左右，欧洲国家已越来越多地采用充有惰性气体的中空玻璃，传热系数能够提高到2W/(m^2·K)左右，这要求具有更高水平的围边密封技术。真空玻璃是一种节能新产品，将两层玻璃间的空气抽除形成真空，较之中空玻璃有更好的保温效果，传热系数能够提高到1.6 W/(m^2·K)左右。真空玻璃最早在日本进入商业化应用，近几年我国也开始有产品出售。

玻璃是能够使阳光进入室内的惟一围护材料的选择。为了更充分地利用太阳能，就要想方设法提高太阳能的透过率，办法不外乎两个，降低玻璃的吸收率和反射率。用于太阳能集热器的玻璃和太阳能电池盖板采用高透过率玻璃，“超白”玻璃的透过率能够达到88%～90%，目前还依靠进口产品，我国也有玻璃厂正在建设“超白”玻璃生产线，很快将有产品供应市场。降低玻璃反射率的方法是在玻璃表面镀覆增透膜，可以使玻璃的透过率提高5%～6%，由于膜层质量还有待提高、产品成本也需要降低，广泛应用还有待时日。

防止噪声侵扰是城市居民关心的环保问题之一，门窗洞口是建筑物隔声的薄弱部位，玻璃的隔声效果较大程度决定了建筑的降噪水平。表1列出建筑玻璃主要品种的隔声指标，其中以真空玻璃的隔声效果为最佳。欲进一步提高声屏蔽质量可以采取叠加的办法，如真空与中空结合、夹层与中空结合，可以使声能透过损失提高到40dB以上。

人类已经进入信息时代，科技进步带给我们通讯和传播的便利，同时也造成了电磁污染和信息泄露。阻隔电磁污染达到室内信息净化，门窗洞口的屏蔽效果是关键环节。目前市场

透过玻璃单位面积入射室内的太阳辐射能应按下式计算：

$q_1=0.889\ S_eI$　　(1)

式中 q_1——透过单位面积玻璃的太阳得热，W/m^2；

I—太阳辐射照度，W/m^2；

Se—玻璃的遮蔽系数，按现行国家标准《建筑玻璃 可见光透射比、太阳光直接透射比、太阳能总透射比、紫外线透射比及有关窗玻璃参数的测定》GB/T2680测定。

通过单位面积玻璃传递的热能应按下式计算：

$q_2=U\ (T_o-T_i)$　　(2)

式中 q_2——通过玻璃单位面积传递的热能，W/m^2；

U—玻璃的传热系数，W/（m^2K),其计算应按照《建筑玻璃应用技术规程》的有关规定进行；

To—室外温度，K；

Ti—室内温度，K。

辐射热与传导热之和是通过玻璃单位面积的总热能，按下式计算：

$q=q_1+q_2$　　(3)

式中 q—通过单位面积玻璃的热能，W/m^2。

有三种电磁屏蔽建筑玻璃：夹网玻璃、导电膜玻璃和网膜复合玻璃。采用金属丝网夹在两层玻璃之中，对低频段的电磁波有较好的屏蔽效果，屏蔽效果与金属丝的材质、直径和网孔密度有关。在玻璃表面镀覆金属或金属氧化物膜可以有效屏蔽高频段的电磁波，膜的材质和厚度决定了屏蔽效果。将金属丝网和导电膜结合使用能够兼顾高频与低频的电磁屏蔽，一般在1GHz可以衰减30～50dB，优质产品可以衰减80dB。

建筑玻璃的装饰效果一直为设计师所重视，今天的玻璃装饰技术已经提供了多种选择，在色彩、造型、图案和光的运用等方面，都可以充分发挥设计想象力。近年国内在建筑装饰玻璃的应用方面，除历来关注的彩色玻璃、热反射玻璃、釉面玻璃、热弯玻璃等品种外，还有更多的装饰玻璃品种受到重视。如用于墙体材料的玻璃砖和槽型玻璃，既有透光不透明的效果，还兼有保温和隔声作用；又如用于饰面装饰的微晶玻璃、玻璃马赛克、玻璃面砖等品种，具有光泽好、吸水率低、花色多的优点；还有很多艺术类的装饰玻璃、雕花玻璃、印花玻璃、压花玻璃等等，极大地丰富了装饰玻璃市场。

一个玻璃组件具备多项功能是建筑玻璃发展的重要内容之一，通过不同品种的组合可以使多种功能集于一身，如节能、安全与装饰相结合的钢化镀膜中空玻璃，又如隔声、安全与装饰相结合的彩色夹层玻璃，组合的方式可以有许多种来满足建筑工程的不同需求。

六、玻璃幕墙与幕墙玻璃

玻璃幕墙是当今建筑立面设计的主要风格之一，众多建筑设计师优先采用玻璃幕墙设计，但在设计、选材、安装、使用中存在一些不恰当的作法，在建筑工程上表现如光和热的污染问题、结构胶的寿命问题、有色环境的副作用、节能与装饰的关系、大板面玻璃存在的问题等等，影响了玻璃幕墙优点的发挥。下面讨论几个典型问题。

表1 建筑玻璃隔声指标（STC）一览表

建筑玻璃品种	平均透过损失
单层普通平板玻璃	≈20dB
夹层玻璃	25～30dB
双层玻璃	≈30dB
中空玻璃	25～30dB
真空玻璃	30～35dB

表2 玻璃幕墙结构形式

<table>
<tr><td rowspan="3">有框玻璃幕墙</td><td>明框玻璃幕墙</td></tr>
<tr><td>隐框玻璃幕墙</td></tr>
<tr><td>半隐框玻璃幕墙</td></tr>
<tr><td rowspan="3">无框玻璃幕墙</td><td>吊挂玻璃幕墙</td></tr>
<tr><td>索结构点支玻璃幕墙</td></tr>
<tr><td>桁架点支玻璃幕墙</td></tr>
<tr><td>双层玻璃幕墙</td><td></td></tr>
</table>

玻璃幕墙的结构形式主要分为有框和无框两类，表2列出常见的各种玻璃幕墙结构。明框玻璃幕墙是最早应用于工程的建筑玻璃结构形式，从建筑立面看玻璃框架呈网格状，鸟笼一般的视觉效果不甚美观，但其优点也非常明显，结构稳定可靠、施工简单、维护方便，至今仍然是玻璃幕墙的主导结构之一。隐框幕墙解决了建筑外观分隔过多的缺点，玻璃之间仅有很窄的密封胶外露，远观整个幕墙浑然一体，但是其施工、维护、耐久性均不如明框幕墙。半隐框玻璃幕墙介于前两者之间，可分为横隐和竖隐两种，横向采用明框竖向采用隐框的设计更多一些。

无框玻璃幕墙具有最好的视觉通透性，其使用的单块玻璃尺寸一般都比较大，如吊挂玻璃长度可以达到10m，点接幕墙的玻璃从3～4m^{2}到10m^{2}均为常用规格。随着无框玻璃幕墙的大量使用，在工程中出现沿点接部位开裂、吊挂玻璃底边开裂、中空玻璃结露发霉等问题。用于无框玻璃幕墙的建筑玻璃，冷加工的质量要求比较高，尤其是边部和孔洞，吊挂玻璃的底边要确保处于无约束状态，特大尺寸的深加工玻璃要有保证质量的措施。

双层玻璃幕墙是最近几年在欧洲推广起来的，有人称其为会呼吸的幕墙，主要优点是在两层幕墙之间设置有通风、采暖和空调系统，室内窗打开可以直接与通风系统换气而不是与室外换气，其他如隔声、保温、装饰效果均优于其他结构玻璃幕墙。如果说双层玻璃幕墙有缺点的话，其一是占用了较多的建筑有效空间，其二是工程造价高于其他结构玻璃幕墙。

生态幕墙探讨

■ 龙文志

持续发展理念

有关持续发展、生态建筑演进过程如图1、图2所示。

健康建筑、绿色建筑、生态建筑、持续建筑

建筑是人们价值观及进展的具体表现。1970年代石油能源危机的影响，现代建筑对环境问题回应，从节能建筑开始；为了节能，建筑注重健康不够，造成许多疾病发生，觉醒了建筑师的环保健康意识，提出了‘健康建筑’(Healthy Buildings）和‘绿色建筑’(Green Buildings）的理念；一些发达国家的建筑师根据德国生物学家赫克尔（Ernst Heinrich Haeekel）提出的《生态学》基本概念，将人类的建筑活动纳入到生态系统，重新评价人、建筑和环境之间的关系，提出‘生态建筑’(Ecological Buildings）的理念，美国著名的建筑师麦克哈格（Ian L.McHarg）所著《结合自然的设计》的出版，标志着生态建筑学的诞生。随着人们对全球生态环境的普遍关注和可持续发展思想的广泛深入，建筑回应从能源、健康方面扩展到全面审视建筑活动对全球生态环境、周边生态环境、居住者所生活环境的影响，这是空间上的全面性；同时这种全面审视还包括时间全面性：即审视建筑

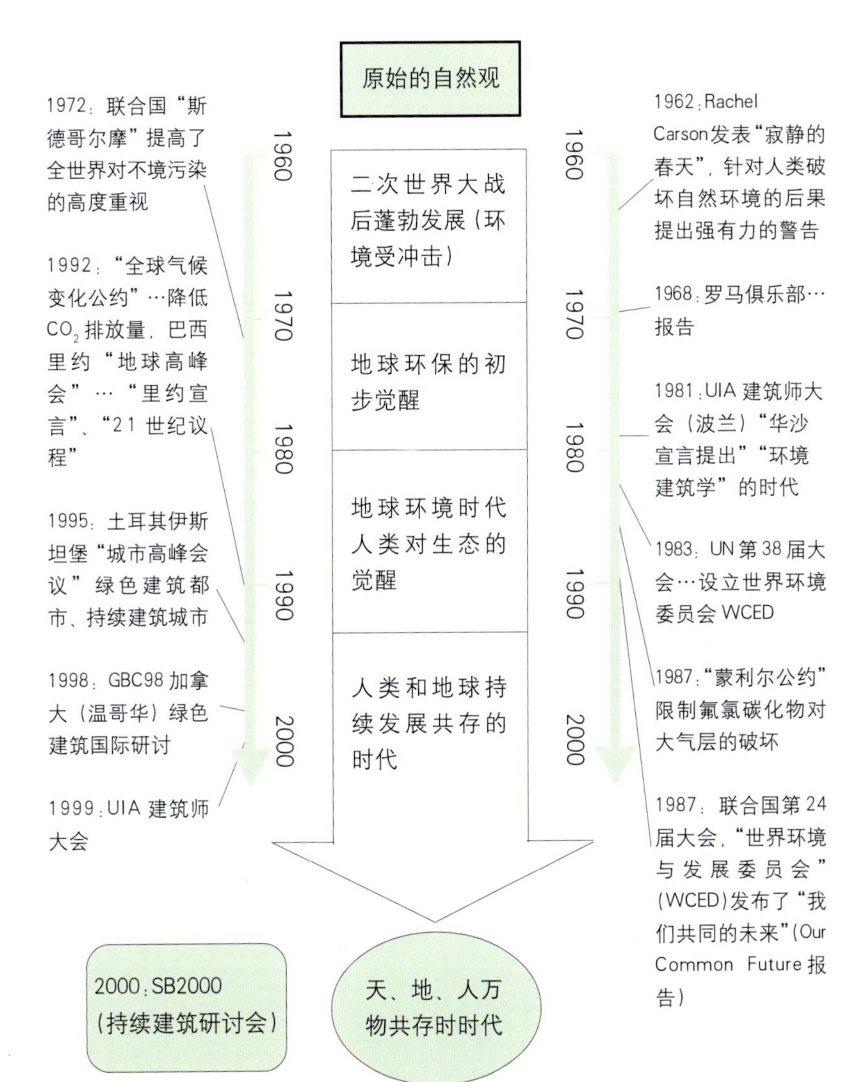

→1

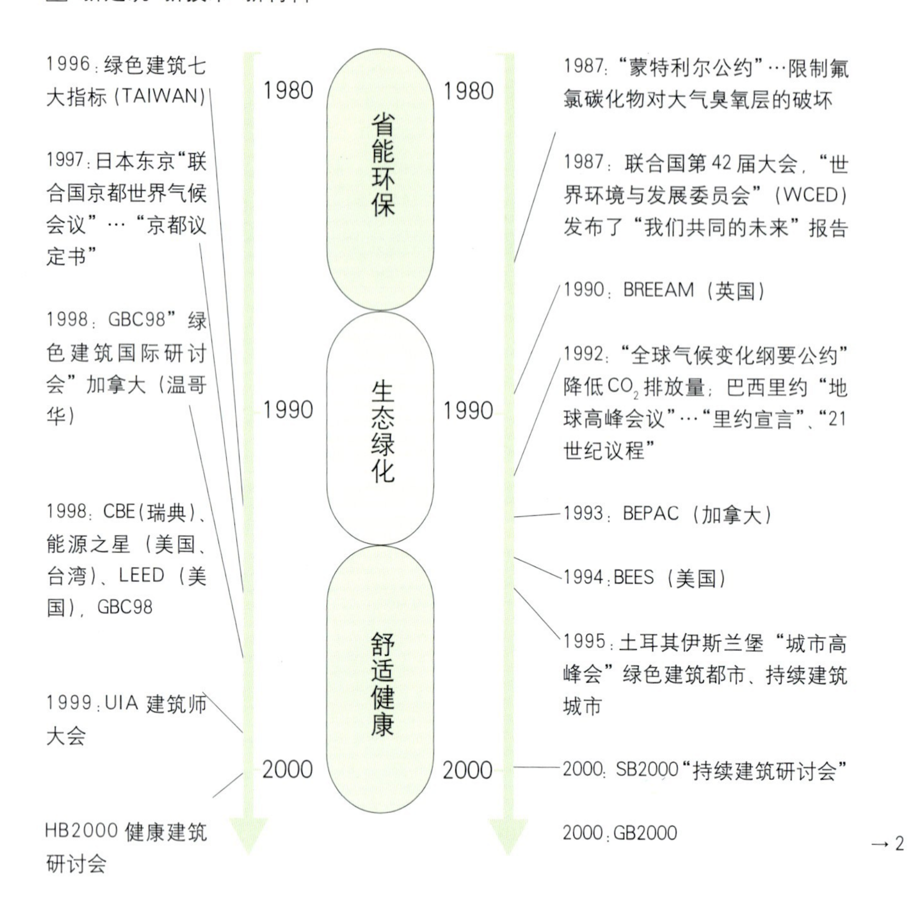

↑（图1）持续发展示意图
↑（图2）生态建筑演进示意图
↑（图3）包容关系图

的‘全寿命’影响，包括原材料、运输、加工、施工、建造、使用、维修、改造和拆除等各个环节，将人、建筑和环境作为一个有机的、具有结构和功能的整体系统来看待，建筑不仅要满足使用要求和美学要求，还要达到与环境共生和可持续协调发展目的，有节制地利用和改造自然，寻求最适合人类生存和发展的生态建筑环境。1993年，国际建协第18次大会发表的《芝加哥宣言》，提出“以探求自然生态作为建筑设计的依据”。指出“建筑及其建成的环境在人类对自然环境的影响扮演着重要角色；符合可持续发展原理的设计需要对资源和能源的使用效率、对健康的影响、对材料的选择等方面进行综合思考”，提出‘可持续发展建筑’（Sustainable Buildings）的理念。这四种‘建筑’理念是在不同的时间提出的，从其所定义的内涵来看，如图3示意的包容关系。

双层幕墙、生态幕墙的发展

自从密斯等老一辈现代主义建筑师发展玻璃幕墙以来，它一直是最为流行的一种外墙结构，然而，上20世纪70年代能源危机后，建筑师把节能要求和传统双层窗结构相结合，发展出双层结构幕墙。双层结构幕墙的内层一般都有能够开启的门窗，在外层幕墙的遮挡下，在室外环境比较恶劣的情况下都能保证内层门窗的开启，外层幕墙的进、出风口和内层门窗的开启均能控制，内外层之间的热通道，可利用太阳能产生烟囱效应或温室效应，从而做到了既保证必要的通风、换气，又能够节约能源。

随着对可持续发展战略和生态建筑内涵的理解不断深化，促进了欧美的部分先进国家的生态建筑、生态幕墙的发展。生态幕墙可作如下理解：以‘可持续发展’为战略，以适用的高新技术为先导，以生物气候缓冲层为重点，节约资源，减少污染，健康、舒适的生态建筑外围护结构。

生物气候缓冲层（BBL）（bioclimatic buffering layer）是指在生态系统结构的框架内，通过建筑构件或建筑群体之间的组合关系、建筑实体和建筑细部等的设计和处理，在建筑与周围生态环境之间建立的一个缓冲区域，既可以在一定程度上防止各种极端气候对室内影响，又可以强化各种微气候调节的效果，尽量满足各种舒适的要求，并且能够达到适当节能的目标。BBL 可以大到诸如街道、广场等空间，也可以是建筑物的外围护结构、建筑的中庭等空间，还可以小到建筑的细部构造等。外墙是建筑内外环境的分界，其设计往往直接影响到室内环境质量和建筑生态质量。随着建筑生态化逐渐成为市场的需求，欧洲的一些建筑师把生物气候缓冲层作为生态建筑形式因子，和双层结构幕墙相融合，在开发生态建筑同时开发了生态幕墙。

生态建筑不是材料和构件的简单组合，与普通建筑依赖于机电系统不同的是，它具备生物体的有机特性，能不断地自我调节，普通建筑是依赖于电气和机械系统的运行而生存的。就像所有建筑空间必须满足使用者不同的使用要求和考虑未来的发展变化要求一样，在没有复杂的人工设施的情况下，建筑物既要利用自然的气候因素，还要能适应气候的变化，因为自然界在每日、每季都会发生温度、日照、光线和风力的变化。它还必须要能够适应建筑物内人流密度、内部分隔和服务要求等的变化。密闭的空调建筑是通过设备的调节来持续地提供舒适的室内环境，而生态建筑则是通过建筑“外皮”调节来持续地提供舒适的室内环境，“混合式”建筑则是综合利用了上述两种手段。建筑“外皮”调节的基本方法是建筑外墙面的1/4必须能自如地开闭，1/3则可以任意调节，根据需要接收或者遮蔽大阳的直射，调节射入的热量。当然建筑“外皮”必须设计合理，以避免妨碍室内对室外景观的观赏。因此强调建筑外墙围护结构的多功能性尤其重要，将窗户、百叶、墙身、遮阳、雨篷等组合在一起，发挥透光、蓄热、通风等多种作用，对于建筑节能和生态效应起着举足轻重的作用。普通空调建筑的重点在于调节机械设备的输出，而生态建筑则把建筑“外皮”的调节作为重点，这一转变引起了建筑外观形式的变化，也引起了部分外墙材料、结构一系列的变革。如果说一般的幕墙是建筑物的衣服、则生态幕墙是建筑物的皮肤。

生态幕墙（门窗）基本原则

生态幕墙（门窗）基本原则是：将建筑的外围护结构与自然环境组成相互作用的有机系统，充分考虑其对自然环境的适应和影响，充分考虑其与自然环境的物质能量交换，概括为以下一些基本原则：

确定合理的建筑规模。通过精心设计，高效率地安排和使用空间，避免大而不切实际建筑尺度，剔除多余的功能和不必要的豪华装修。

生态幕墙能够根据环境的条件自动改变其性能，以充分利用阳光、自然光

生态建筑（1999—UIA）包含健康建筑、省能与省资源循环、生态循环及顺应地域环境四大项调和。

绿色建筑（GBC2000）包含环境持续指标、资源消耗、整体负荷、室内环境、服务质量。

持续建筑（SB2000）包含政策执行面、再利用、环境评估、设计流程、绿色建筑议题等。

健康建筑（HB2000）包含物理量、化学性、心理量、生理量等四方面的健康。

→3

及降低建筑能耗为目标。夏季对太阳辐射遮挡率达60%以上，减少空调负荷，同时又能保证室内良好采光；冬季在充分降低幕墙（门窗）散热基础上，最大限度利用太阳能及其他可再生能源，采暖能耗降低50%；实现有组织的、可调节的自然通风，采用最小新风量进行换气通风时，尽可能回收排气中有用能。

贯彻可持续发展的设计理念，将“绿色”作为重要的设计目标。使用高效率的热绝缘措施、高性能门窗、紧凑的维护结构等，以减少对材料和能源消耗。不仅要考虑幕墙（门窗）的本身，还要考虑施工过程及建成后的能源效率和营运管理成本，提高地面以上的材料利用率。

赋予幕墙（门窗）使用可再生能源的能力。尽可能少地消耗不可再生自然资源，尽可能地利用可再生能源，积极主动地尝试利用太阳能及其他自然能源。例如考虑太阳能的光化学和光电转换系统的应用，或者在设计中为这些系统的安装留下预地。太阳能光电系统目前比较昂贵，超薄膜、可再生、价格低的光电板也许不要太长的时间便可商品化，预留安装空间是明智的和有远见的。

旧建筑更新改造。充分利用现有质量较好的建筑，进行更新改造，满足新的需求，可以减少资源和能量的消耗，有利于环境保护（例如可考虑利用‘双层幕墙’、‘墙中墙’、‘房中房’等双层结构对旧建筑更新改造）。

生态幕墙（门窗）还应充分考虑建筑室内的舒适和健康。从分析人们在环境中受到的生理、心理影响着手，优化人—幕墙（门窗）—环境交互作用的各项指标（温度、湿度、空气新鲜度、热环境），避免潜在的健康威胁。通过各种生态技术手段的合理使用，使室内的热舒适、光舒适、声舒适、空气舒适等环境舒适度提高到一个新水平，为使用者提供健康、舒适、与自然和谐的工作及生活空间，同时又比常规幕墙（门窗）节能40%以上。

生态幕墙的通风设计要点建议

依照持续建筑、生态建筑、绿色建筑与健康建筑有关理念，对生态幕墙的通风设计要点提出以下初浅建议：

自然通风设计需要建筑师和幕墙设计师的通力合作，从建筑总图设计时开始。

在可能条件下尽量使用自然通风，不要设计全封闭建筑。

自然通风为主，混合通风并用。

① 机械通风只是在需要时作为一种辅助手段使用。

② 根据建筑物内各区实际需要和实际条件，采用不同通风方式。

③ 自然通风和机械通风同时使用。

④ 自然通风和机械通风替换使用。

建筑的布局宜依据常年主导风向来考虑，使建筑物幕墙的排列和朝向有利于自然通风。

在进行平面和剖面设计时，室内进深与幕墙进、出风口几何尺寸相匹配，避免出现室内自然通风死点。

幕墙和门窗的开口位置、廊道的布置、内隔墙设置等都要考虑对气流导向，有利于穿堂风的形成。

优先采用在外界环境恶劣或比较恶劣条件下都能自然通风的幕墙和门窗结构，例如双层结构幕墙。

幕墙和门窗的通风结构既要能开启，又要能关闭，开关最好要手动和电动，高档建筑最好智能控制。

精心设计双层幕墙的竖通道和横廊道，与建筑物中庭或风塔设置相呼应，巧妙地利用‘烟囱效应’，使幕墙、门窗和室内形成合理的正压和负压，保证有风和无风时都能有效地自然通风。

在保证健康自然通风前提下尽量节能，吸收国外幕墙技术时，结合中国国情，尤其要注意‘温室效应’和‘烟囱效应’的平衡性。自然通风也要和玻璃幕墙和门窗的自然采光相匹配。

幕墙进出风口的位置和形式尽量满足建筑立面美学要求；避免噪声。

通风系统应能防止发生火灾时火焰漫延。实例可见德国加特纳公司制作的RWE大楼智能双层结构幕墙。

用双层结构幕墙的生态气候缓冲层BBL（Biocilimatic Buffering Layer）的理念进行封闭或通风面积小的老幕墙的改造，比目前简单的打破玻璃以增加开启窗的方法也许更为经济有效。

气流组织可根据进、出风口的位置主要有以下形式：

①单侧上进上出；②单侧上进下出；③双侧上进上出；④双侧上进下出；⑤其他。推荐①、④形式。

在没有新规定之前，新风量和室内允许气流速度暂按以下建议指标进行设计，一般室内环境：新风量最少为60〔m^3／（h·人）〕，重要室内环境：新风量最少为80〔m^3／（h·人）〕；室内允许气流速度，一般室内环境：0.20m/s；重要室内环境：0.15m/s。

表1　传统设计观与生态设计观的比较

比较因素	传统设计观	生态设计观
对自然生态环境的态度	幕墙、门窗与自然生态环境相分离，对自然通风考虑不够	幕墙、门窗与自然生态环境组成统一的有机体，精心设计自然通风
对资源、能源的态度	没有或很少考虑到有效的资源、能源再生利用及对生态环境的影响	必须考虑节能、资源重复利用，保护生态环境，积极利用太阳能等自然能
设计依据	依据功能、性能及成本要求来设计	依据环境效益和生态环境指标与功能、性能及成本来设计
设计目的	以人对幕墙、门窗的美学和功能需求为主要设计目的	为人的需求和环境而设计，其终极目的是创造舒适、健康的居住环境，提高自然、经济、社会的综合效益，满足可持续发展的要求
施工技术或工艺	在施工和使用过程中很少考虑材料的回收利用	在施工和使用过程中可拆卸、易回收、不产生毒副作用，废弃物最少

工程案例：

① 德国北来茵威斯特伐利亚兰德科技园

(Science Park. Gelsenkirchen. Germanny) 1995 年

科技园建造在一个废弃的钢铁厂旧址上，该地段经清理整治后，又开挖了一个湖泊，既美化了环境，又可作为雨水蓄留池，成为了该地政府环境改善计划的一个部分。9 个互相独立的研究建筑被拱廊串联，形成了科技园区的骨架。

在建筑临湖一面（西侧）设置了一面巨大的玻璃幕墙，幕墙后就是科技园的“拱廊”，一个贯通三层、宽约 10m、长约 300m 的公共区域，作为办公楼主体和外界之间的缓冲区，也对科技园的内部气候调节、提高能源效率起到重要作用。东立面为中空玻璃的铝木门窗，其遮阳百叶由计算机自动控制。

拱廊自南向北延伸约300m，俯瞰着人工湖。

拱廊的屋顶上的光电板朝南成行排列，阵列为 123m × 123m，平均每年能够产生 200000kw 的电力，供建筑物内部使用，与国家电力系统并网。估计该系统使用30年可减少4500t二氧化碳排入大气。

玻璃幕墙可以根据季节变化而调整：冬季，所有的幕墙玻璃是关闭的，‘温室效应’使室温增加；夏季，下面 4.5m 高、7m 宽的玻璃幕墙玻璃可用计算机控制的马达打开，使“拱廊”的室内能够享受湖面的空气，并降低室温。

夏季，玻璃幕墙下部完全打开，遮阳防止了太阳光直射拱廊内部，凉爽的湖面新鲜空气可吹入室内，整个拱廊为人们提供了一个亲水空间。

人工照明根据光感器传来的数据，结合室外光线的亮度和照明的需要由计算机自动控制。每一扇通风窗被打开，计算机将关闭相应的供暖系统。朝西的玻璃幕墙获得的热量用来加热水，混凝土地面的热容也有助于室内温度的稳定。窗户上装有智能窗帘，玻璃幕墙良好的热工性能及温室效应，自动控制的百叶和自然通风，这些措施有力地保证了对自然能源的使用，节能效果明显。

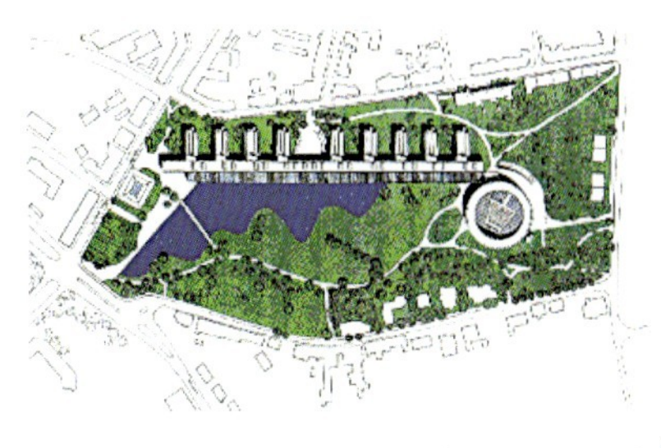

→ 4

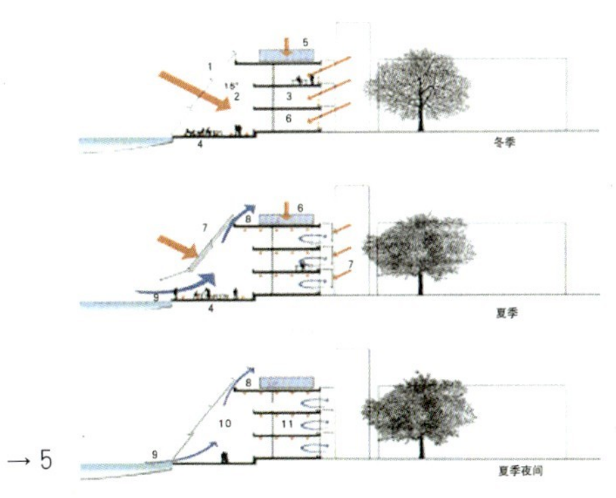

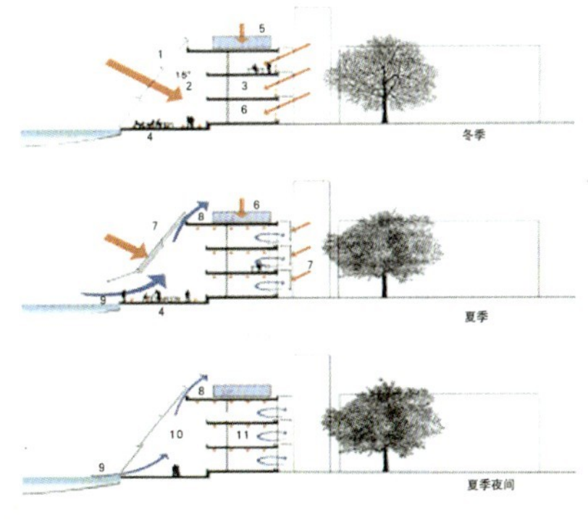

→ 5

1－中空玻璃；
2－缓冲区；
3－直射太阳光；
4－地板下的供热系统；
5－太阳能光电装置；
6－散热器；
7－外部遮阳装置；
8－排除的气体；
9－吸入空气；
10－拱廊空间；
11－办公区。

→ 6

→ 7

→ 8

→（图 4）科技园总平面图
→（图 5）各季通风示意图
→（图 6）拱廊外景图
→（图 7）西侧夜景
→（图 8）玻璃幕墙下的亲水空间

② 城市之门(City. Dusselklorf. Germmany) 1997 年

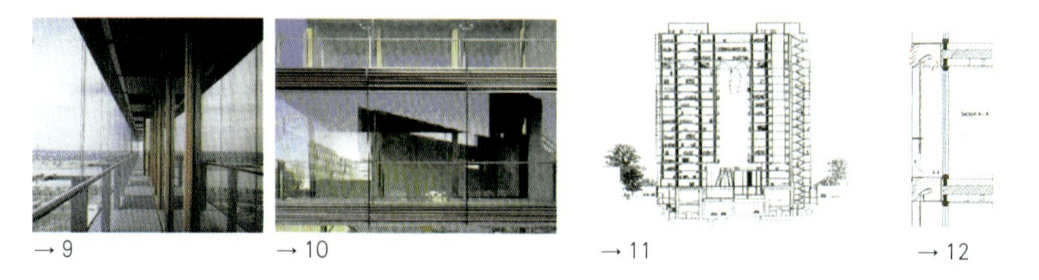

→9 →10 →11 →12  →13

这种低能耗的办公大楼坐落于来茵河公园的边缘，位于繁忙来茵河隧道南入口的上方，是通向这个地区的入口大门。两幢高 80m 的16层塔楼之间是高58m的中庭，塔楼顶部通过三层桥式结构相连，整个建筑都被玻璃幕墙包裹着，两幢塔楼都装有双层隔热玻璃，在单层玻璃和双层玻璃之间有一个0.9～1.4m的廊道（图9），起着隔热和隔声作用，窗户上的电控百叶窗除遮阳之外，还有利于热空气上升排出。通过设在窗户上、下的通风装置（图10）进行自然通风，该装置高600mm，安装有灵敏的气动百叶，由电子系统控制，能充分利用外部气候条件并减少刮风所产生的噪声。

当外界温度在 5～20℃之间时，自然通风足以满足室内使用要求，如果出现恶劣天气，可启用双重空气交换的空调系统，通过天花板上的吸附式隔热冷却装置，利用采自河边的地下水来制冷，避免了氟利昂的使用；冬季则可通过天花板用当地区域供暖系统采暖。

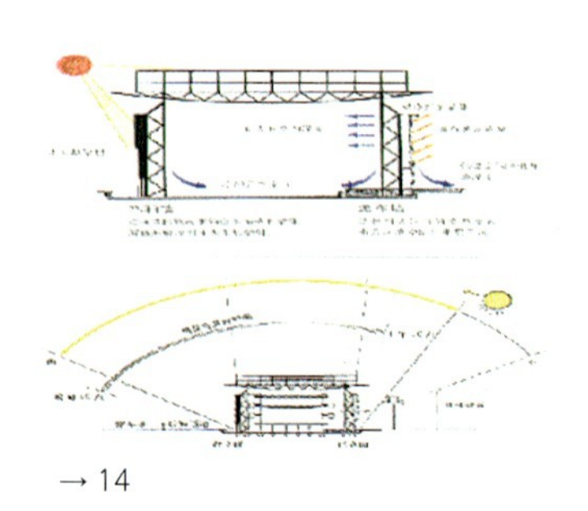

→14

③ 1992 年世界博览会英国馆

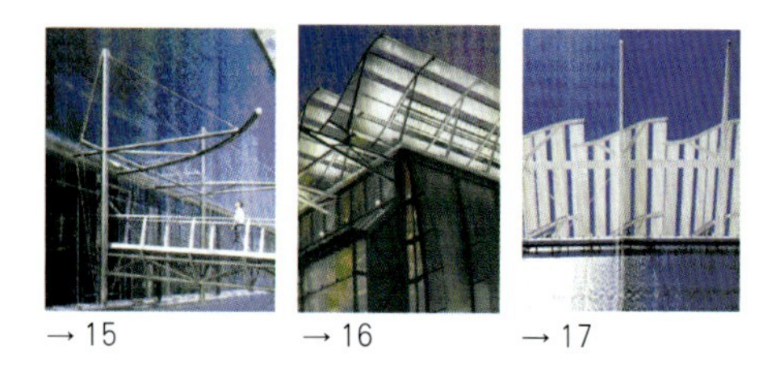

→15 →16 →17

1992年世界博览会在西班牙塞维利亚举行，塞维利亚是欧洲最热的城市，夏季的最高温度常常高达45℃，降雨量极少，昼夜温差可以高达20℃，英国馆占地为：36.6m宽，61m长，传统的空调制冷降温将消耗大量能源，格雷姆肖设计师用轻钢瀑布幕墙和玻璃幕墙相结合，通过各种手段的综合运用，使得整个展览会期间，英国馆的室内温度始终控制在28℃以下，部分微环境的温度保持22℃，而且节能效果明显。

主立面（东面）是一面瀑布墙，水流从精确控制喷射形状的喷嘴中喷出，沿抛光的钢幕墙表面流到墙下水池中，形成了一道围绕建筑的小河，流水有物理上和心理上的清凉作用，也有效地阻止阳光影响室内温度，水流和水蒸发所带走的热量使得幕墙外表面温度下降，瀑布流水赋予幕墙动感，也是一种装饰。

屋顶和立面安装有高分子织物的遮阳帆，除了遮阳作用外，这些遮阳帆上还安装有光电转换元件，所产生的电力用来驱动瀑布幕墙的水泵循环用水。英国馆的西面使用了“水箱幕墙”，箱内装满了水，吸收西晒的太阳热，夜间则将这些热量释放，平衡高达20℃的昼夜温差。整座建筑除了混凝土基础和首层地面之外，其他都可以“打包”带走，拆卸和再安装都很方便，展览会结束后，英国馆可以拆卸重组成一个工业车间，避免了材料浪费，这也是生态建筑应考虑中的一环。

→（图9）内、外层玻璃之间的廊道
→（图10）通风装置立面
→（图11、图12）城市之门剖面图及立面照片
→（图13）幕墙的双层结构节点及气流排放
→（图14）英国馆日照分析及热量控制原理示意图
→（图15）瀑布幕墙
→（图16）屋顶遮阳帆
→（图17）瀑布幕墙与遮阳帆

④德国法兰克福银行大厦（Commerz Bank Headquaters）1997年

建筑师提出的目标是：节能本身并不是最终目的，设计的基本原则是在保证自然通风和健康舒适生态环境的前提下尽量节能。为达到这一目的，建筑师把立面的双层玻璃幕墙和内部空间及建筑结构统一处理，精心设计。大厦是一座五十多层的三角形塔楼，与传统的玻璃塔楼相比是核心观念的转变，塔楼三个角部都有核心空间，里边包括电梯、楼梯和服务台，这些核心空间组成了每8层的一个办公单元的

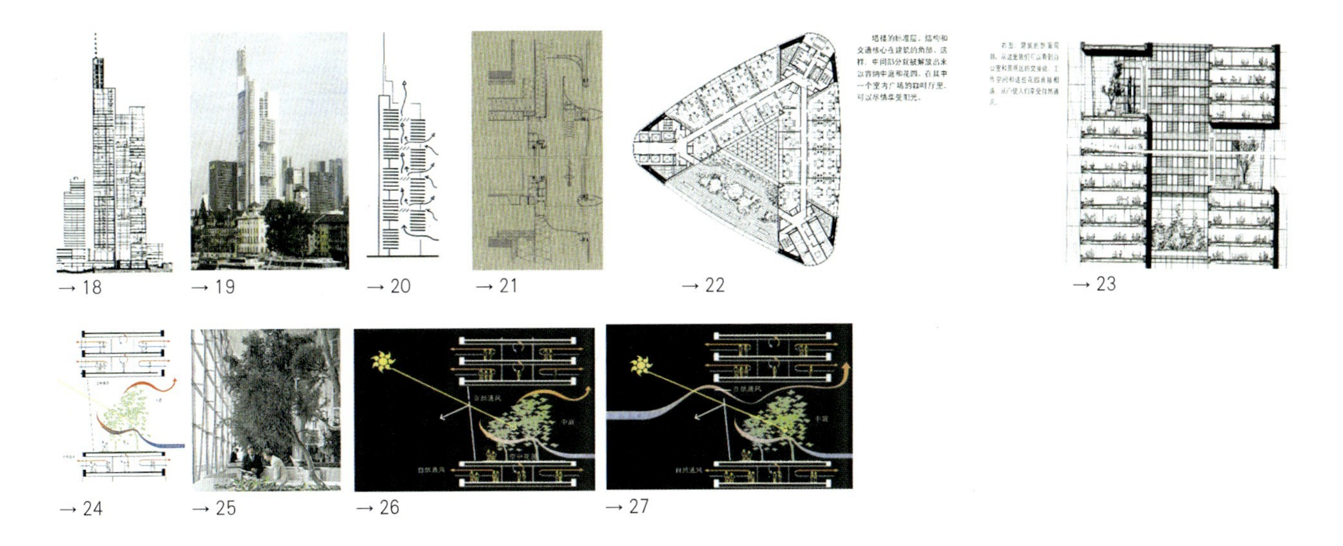

支撑结构体系。建筑为中空，形成一个通高的中庭，以其烟囱效应为整个大厦排气，这个中庭又被玻璃天花每12层分为一段，以阻挠气流或烟聚集。52层被划分为4个办公单元，每个办公单元都带有一个4层高的空中花园，并种植了丰富的植物，空中花园的外侧是双层玻璃幕墙，室外空气通过外墙进风口进入内、外层玻璃幕墙之间的热通道，可开启的窗户设在内层玻璃幕墙上，即使在恶劣天气，最高层窗户开启，也不会受到强风的干扰，从而保证了整个大厦的自然通风，办公室朝向中庭一侧的窗户也是可以开启，从而保证一年的大部分时间都可以自然通风。花园植物的光合作用、双层玻璃幕墙的自然通风和中庭烟囱效应的排气等共同构成了大厦之‘肺’，将绿色植物引入室内，创造与自然接触的人性化空间，又称之为“生态舱”，福斯特自称这一设计是“世界上第一座活着的、能够自由呼吸的高层建筑”。

在寒冷的冬天，计算机将关闭内层幕墙的窗户，通过中庭来自然通风。

在夏季，窗户可以打开以获得穿堂风。

福斯特成功地将自然景观引入超高层集中式办公建筑，使城市高密度生活方式与自然生态环境相融合，被称为世界上第一座“生态型”超高层建筑，其相应的双层结构的玻璃幕墙也才是“生态型”的“呼吸幕墙”。这座大楼是建筑师和幕墙师合作成功利用‘BBL’技术的范例。

→（图18、图19）银行大厦全景及剖面
→（图20）大楼通风示意图
→（图21）双层结构幕墙节点
→（图22）标准层平
→（图23）局部竖向剖面
→（图24）外围办公室通过双层玻璃
→（图25）生态舱内景
→（图26）冬季自然通风示意图
→（图27）夏季自然通风示意图

⑤ 荷兰戴尔夫特大学图书馆1998年

→28

→29

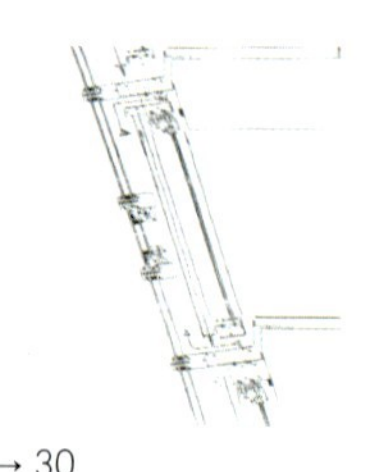

→30

荷兰戴尔夫特大学图书馆内有着透明的中央大厅、阅览室、学习室和各种办公室，这些空间被埋藏在一片葱绿的草坡上，只有草坡上的玻璃圆锥是建筑的标志。草坡屋顶的良好隔热和保温性能，使得在其下面的室内环境几乎不受外界气温波动的影响。但草坡屋顶不能采光，为了建造一个透明开放的内部空间，在建筑的全部立面不得不采用通透的玻璃幕墙，这种玻璃幕墙既要有良好的采光和热工性能，又要有良好通风换气功能，与草坡生态屋顶相对应，麦坎奴称这种玻璃幕墙为生态幕墙。

立面玻璃幕墙的外侧是中空玻璃幕墙，内侧为单层玻璃幕墙，在两个幕墙之间有一个75mm宽的热通道，幕墙为单元式，通道有一层高，通道之间互不联通，被处理过的空气通过设在架空地板内的风道进入热通道，再从另一端排走，这样可以带走通道内50%的热量，通道内的空气是循环的，可以对循环空气温度进行调控，调节内侧幕墙外表面的温度。

→（图28）图书馆外景
→（图29）图书馆玻璃幕墙
→（图30）图书馆玻璃幕墙剖面图
→（图31）德国波恩邮政总局大楼透视图
→（图32）德国波恩邮政总局大楼透视图剖面
→（图33）德国波恩邮政总局大楼双层玻璃幕墙外观
→（图34）德国波恩邮政总局大楼双层玻璃幕墙外观
→（图35）德国波恩邮政总局大楼双层玻璃幕墙外观
→（图36）办公室内景，楼板下的管道可以预热或预冷，与外气调节装置自行调节外气量和室内温度
→（图37）平面示意外气自双层幕墙引入办公室，再通过廊道进入空中花园，由九层楼高的空中花园的烟囱效应将内气排出

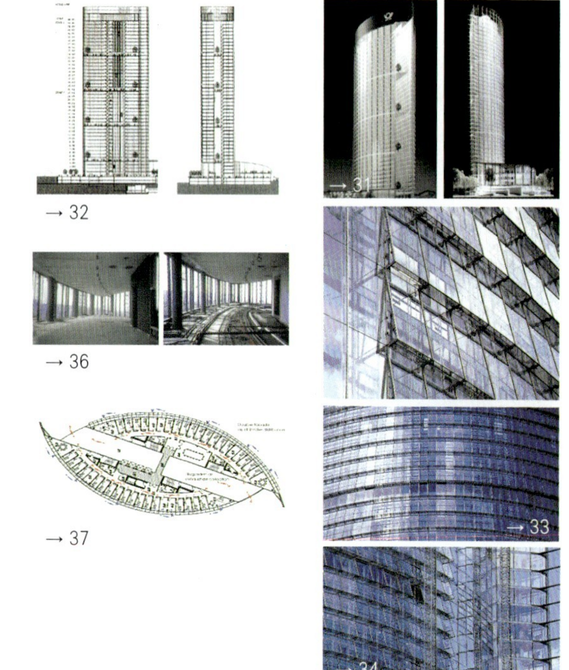

→31 →32 →33 →34  →35 →36 →37

⑥ 德国波恩邮政总局

德国邮政局（Deutsche Post Boon）在波恩的新总部大楼的建筑形态及立面形式的设计，将换气通风作为主要因素之一，弧面开放性玻璃幕墙分散引进室外空气，每九层楼的空中庭园集中排气，楼高230.8m。分段开放式双层结构的玻璃幕墙，每段九层楼高，外层幕墙采用单层低铁玻璃，开关采用中央控制；内层采用低铁充气钢化中空玻璃，开关采用手动控制；内、外层之间的通道宽度：南立面为1.35m，北立面为0.85m。

双层玻璃幕墙的温室效应将进气预热，独立的地板环流加热，天花板中央系统提供基本暖气，利用办公室排放之热气加热空中花园，作为间接热回收。

双层幕墙中的遮阳装置，不受风速限制；利用烟囱效应释放外墙所吸收的热；独立的外气冷却系统；利用莱茵河水冷却混凝土楼板；以凉爽的表层温度提高室内舒适度；夜间注入冷空气以降低建筑物的热容量。

⑦ 英国建筑研究所办公楼

这座英国建筑研究所（BRE）办公楼座落于瓦特福德（Watford）市郊，气候温和，污染少。办公楼主体为三层，外立面有一半是可开启的充氩气中空玻璃窗，南立面还装有电动水平玻璃百叶，顶部设有通风口，办公楼层高3.7m，波形混凝土上另附面板，两层板之间留有大面积的低阻力空隙，便于空气流动。室外空气由大楼管理（BMS）系统所控制高窗提供，在波形楼板的‘高点’部位直接进入，或由波形楼板的‘低点’部位进入结构空隙，正南面有五个通风口，内装有光电板，可以吸收太阳能转换为电能，以驱动内装的低压风扇在炎热或无风时帮助通风。气温适中季节，开窗通风；冬季，室外空气进入后预热；夏季，窗户可补充通风。南面窗户使用反射玻璃，配置了电动遮阳帘。这座大楼绿色设计达到了：100%面积自然通风，95%面积自然采光，96%材料重复利用。

→ 38　→ 39　→ 40　→ 41　→ 42

⑧ 通风双层玻璃幕墙

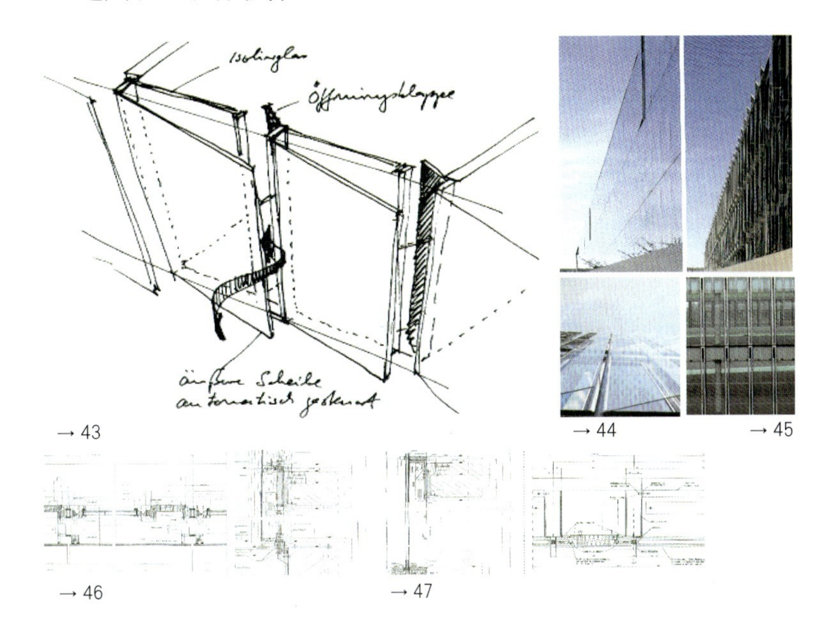

→ 43　→ 44　→ 45　→ 46　→ 47

→（图 38）南立面。可以看到五个通风塔和关闭的玻璃遮阳板
→（图 39）波形板和楼板之间的设置
→（图 40）南立面玻璃遮阳板
→（图 41）讲演厅的自然通风示意图
→（图 42）办公楼的自然通风示意图
→（图 43）通风方式草图
→（图 44）侧面外观
→（图 45）正面外观
→（图 46）侧面双层幕墙节点横向及竖向剖面
→（图 47）正面单层幕墙节点横向及竖向剖面

参考文献：

1.Christian Schittich Birkhaser Edition Detiail.in DETAIL Building Skins,2001
2.李华东主编，鲁英男，陈慧，鲁英灿编著.天津：天津大学出版社，2002
3.周浩明，张晓东编著.南京：东南大学出版社，2002
4.Integrated Planning Prestel.Dousbble—Skin Facades,2001
5.永续绿建筑.台湾建筑报导杂志社，2002
6.WICONA.HIGHTECH MIT WICTEC,2000(3)

玻璃网壳结构浅谈

■ 张晔

自密斯起，钢结构和玻璃一直是德国建筑师的偏爱。经过近百年来相关科研、工业、设计力量在此领域不懈的努力，使得这一结构技术日新月异，炉火纯青，以其优美，轻盈，通透在当今的众多建筑形式中占据重要一席，它甚至不仅仅体现了工程与科技的进步，更成为信息时代的社会文化载体。

本文仅选择了其中最为精彩的一部分——玻璃网壳结构，做以简介，并配以该结构的发明者，施莱希结构工程师事务所(Schlaich Bergermann und Partner)的若干项目实例，其中不乏与像盖里(Frank O. Gehry)这样的建筑大师合作者。

薄壳结构对于建筑师和工程师们并不陌生，如自然界中的鸡蛋壳，古建筑中的穹顶，现代工程结构中的混凝土薄壳结构等，无不美观，高效。这是因为它符合力学中平面受力的原理。现在新型的玻璃网壳结构也加入到这一行列中，除了具有前面所提到的优势外，玻璃网壳的兴起还得意于它的另一特征——透明。

由三角形网格组成的双曲面薄壳结构体系为光线的通透提供了有利的前提。只有三角形的网格才能做到在平面上受力后保持不变形，这也是网壳结构成立的必要条件之一。

在薄壳承重结构系统中会碰到三个基本的问题：

1. 怎样才能解决合理的受力关系和曲面自重之间的矛盾；
2. 怎样在三角形网格上直接覆盖更为经济和符合使用要求的四边形玻璃板；
3. 怎样将整个双曲面的网壳覆以玻璃板。

众所周知的是，网壳可以解决前两个问题，即承重结构的基本构架可以被理解

→ 2

→ 1

→ 3

→ 4

→（图 1）柏林施潘道火车站站台内景
→（图 2）车站玻璃雨棚节点
→（图 3）柏林德意志银行内庭的玻璃顶棚
→（图 4）玻璃顶棚的球形铰接点保证了结构的稳固

成是由平面上的杆件组成的正方形网格。因为网格间的角度可以在90° 内任意调整，所以以这些平面网格为基础，就可以做出任意的曲面形式。之后，将细钢索在每个四边形网格的对角线上连接，就产生了对于网壳而言的必要条件——三角形元素。最终，四边形的玻璃板就可以直接覆盖在处于同一平面的杆件上了。

简单将网壳按形式分为以下几种：

中心对称的穹拱形

是由杆件组成的环形肋，和经线方向上旋转排列的拱肋所组成的承重体系。

这是玻璃网壳中最古老的形式，最早出现于1865年，至今仍被改良沿用。在将四边形网格通过对角线方向上连接的钢索施以拉应力之后，就可以使这样的穹拱成为透明的薄壳结构。旋转排列的结构无疑可以覆盖以四边形的板材。

然而在穹顶处杆件过于集中的缺陷，违背了人们恰恰想在此保持通透的初衷，这也使得该结构形式逐渐被取代。

筒形的拱壳

相对三维的穹拱来说，它只是平面的或是二维的结构体系，所以建造也相对较容易，同时有在长方向上无穷延续的可能性。

筒的受力与拱相同，只承受压力，不受弯矩作用。

每个荷载都有自己的受力线，如果反过来把受力线当作钢索线的话，就可以发现一个能运用在穹拱结构上的非常有用的知识。

筒壳必须能够承受不同的荷载，并具有一定的整体刚度。只有当人们将四边形网格的筒拱用加有预应力的对角线

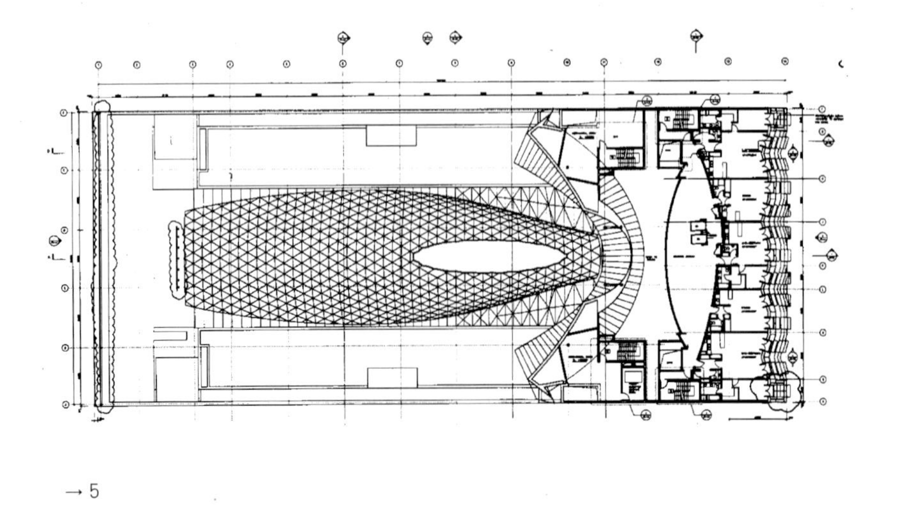

→ 5

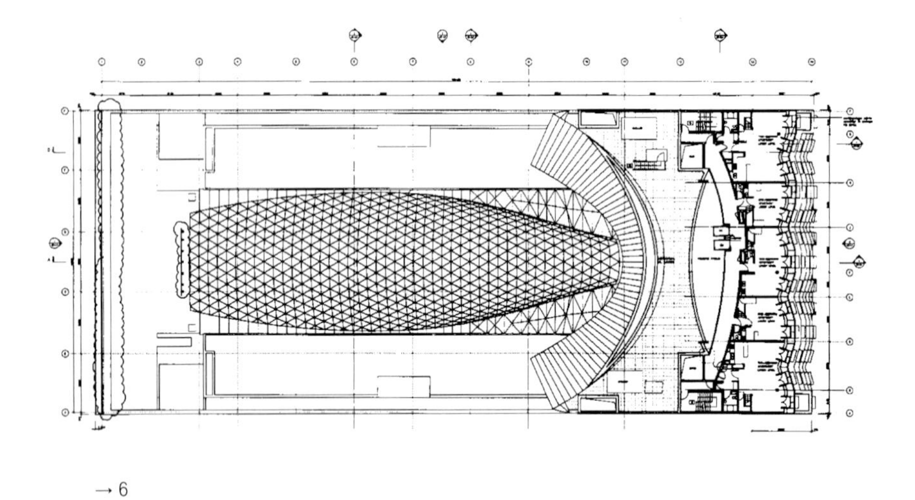

→ 6

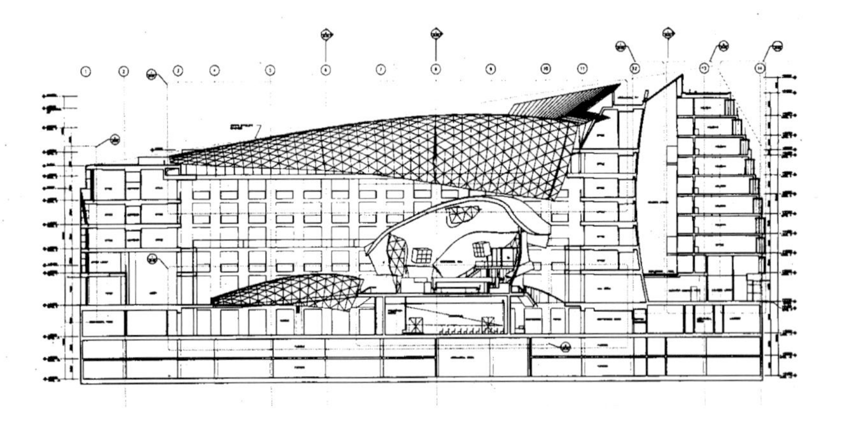

→ 7

→（图5）柏林DG 银行办公楼平面图之一
→（图6）柏林DG 银行办公楼平面图之二
→（图7）柏林DG 银行办公楼剖面图
→（图8）内庭实景之一

→ 8

钢索连接，引入三角形元素后，才能成为实际上的圆柱面拱壳。

横向的单元式划分使长方向的曲面弯曲成为可能，并为预应力牵拉辐条等提供位置。其距离取决于跨度和筒拱的弯曲度。

筒拱不能朝跨度两侧不断的延续下去，而只能座落于预先计算好的跨度上。整个网壳结构同时还承受侧向的推力。通常，它差不多可以被理解成为一个符合建筑空间高度要求的通长的梁。

对角线方向上的钢索不但要被施加应力，还得被精确的固定。

在柏林的施潘道火车站(Fernbahnhof Berlin– Spandau）的实例中，支柱上的横向划分是钢制的拱形构件，它不仅是作为筒拱的横向支撑，同时还要承受网壳的张力，也就是说，减小侧推力。

在此建筑师通过结构选型，采用玻璃筒拱的现代形式，表达了对欧洲传统火车站的玻璃钢结构雨棚形式的尊重，也是对历史的尊重(图1，图2)。

略带起拱的平顶

常见于对老建筑的内庭改建中。

在给四边形平面的内院加建玻璃采光顶时，为了避免对其以上的楼层产生视觉干扰，就得尽量减小起拱。方法是尽量减小网格的边缘长度和之间的角度，这样产生的“坐垫”形曲面也可以覆盖以四边形的平面玻璃板。

出于稳定性的原因，这里只有双层的，即下边施加拉应力的结构体系才被考虑。

在柏林的德意志银行(Deutschen Bank in Berlin)一例中，该结构有两个主要部分：一是向上拱起0.6m的受压的杆件网系；另一个是向下拱起1.4m的受拉的钢索网系。

杆件上被直接覆盖以四边形隔热玻璃(图3)。

钢索在对角线方向上每隔一个网格相交一次，以避免节点过密，从而妨碍了整个体系的通透性(图4)。

整个建筑因为引入了轻盈的玻璃结构，使得新老部分相得益彰，又因轻重，虚实的强烈对比而产生美感。

覆盖玻璃的三角形网孔的拱壳

在很多情况下，工程师会接到设计自由形态的玻璃网壳的任务，比如作为两个不同曲度的曲面间的过渡面，有时甚至干脆就是为了艺术造型的需要。

这时候就不能再使用四边形的玻璃片，而只能使用不太经济的三角形板材，特别是采用隔热玻璃板时，要将杆件连接成三角形网格。当然这也是最理想的网壳做法。

如在汉堡的城市历史博物馆一例中，尽管在大部分的结构当中都使用了四边形的网格，但在两个不同的网壳的

→ 9

→ 10

连接处还是特殊处理成三角形网格。

有时这种每个节点都有六个杆件相连的不经济的三角形结构，却能带来某种华丽多彩的机理效果，最著名的例子就是由美国建筑师盖里设计的柏林DG银行办公楼(DG Bank am Pariser Platz 3 in Berlin)的内庭院(图5、图6、图7)。其铝制网格的屋顶和传统的做法相迴，可以说成是一个渗入室内的三维变化的艺术构成(图8、图9)。

在采用该结构形式的时候需要注意的是，首先整个结构的跨度要控制在16m以内，其次为了更利于稳固和在纵向上相对较小的变形而在横向设置施加应力的拉辐条(图10)。最后，每个节点都必须加工成三维的(图11)。

自由曲面的带平面四边形网格的玻璃网壳

如前面的例子所示，自由的双曲面拱壳结构由于是由三角形网格组成，所以难以达到象四边形网格结构那样的通透性和经济性。

以四边形网格组成的双曲面若要覆盖以玻璃板，其基本要求是：

要么通过折叠弯曲每块板材的方法来使之符合网格的形状，要么能够借助于空间几何知识找出一种形式，使得每个网格的四个顶点都在同一个平面上。

显然第二个方法在实际施工中要可行得多。

如果用一个抛物线沿另一个相垂直的抛物线移动，则形成一个有椭圆形截线的双曲抛物面。这样的双曲抛物面就是我们要找的，可以用平面的四边形网格组成的曲面(图12、图13)。

由多个用这一原理产生的双曲抛物曲面可以组成无数各种形式的曲面(图14)。

如柏林动物园新河马馆 (Flussp-ferdehaus im Berliner Zoo)(图15、图16、图17)与斯图加特的波士旧厂区改建(Bosch-Areal) (图18、图19、图20)即

→ 11

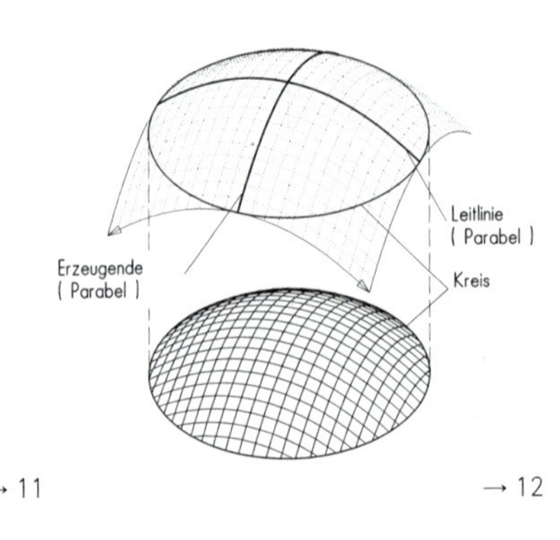

→ 12

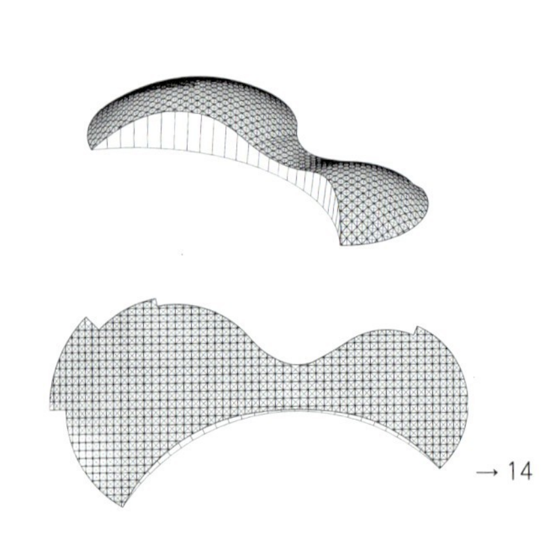

→ 14

→（图9） 施工中的办公楼内庭
→（图10） 施加应力的拉辐条
→（图11） 三角形网格的节点细部
→（图12） 双曲抛物面的形成原理图示
→（图13） 相应的实例——罗斯托克购物商场(Galerie Rostocker Hof，Rostock)的玻璃顶棚

→13

是很好的例子。

无处不在的曲面在天空中流淌，像云，像风，人们置身其中，得到的不仅仅是遮风挡雨的庇护，更使得室内外的空间毫无干扰的连为一体，而其结构本身，也成为人们观赏的工程设计精品。

在这些实际项目设计中，建筑师和工程师要做的不仅仅是完成一个优美的造型，并要使得组合的曲面在和水平面相切时的截面成为符合使用要求的平面，同时还得考虑经济性指标的限制。

综上所述，作为一种已经相当成熟的结构技术，玻璃网壳可以适应多种不同的实际情况。工程师为建筑量体裁衣，每每做出让人叹为观止的作品。当然，在把建筑当成工业产品设计的德国，任何一个在表现材料技术特性方面登峰造极的结构体系都离不开它强大的科研和工业背景的支持。相反，离开材料和技术的不断更新进步，建筑设计也将难以焕发活力。

→ 15

→ 16

→ 18

→ 17

→ 19

→ 20

→（图14）由多个双曲面组成的网壳——柏林动物园河马馆几何构成示意。上，透视图；下，顶视图

→（图15）河马馆内景之一

→（图16）河马馆内景之二

→（图17）河马馆内景之三

→（图18）波士(Bosch)旧场区改建后成为城市新的中心，图为广场实景之一

→（图19）波士广场实景之二

→（图20）波士广场实景之三

用 kalzip 扇型板打造建筑的脉络

■ 许劲柏／撰写　李宏／校对

作为一个城市的标志性建筑，新建的重庆袁家岗体育中心的游泳跳水馆是在国际性设计招标中脱颖而出的，因此建筑师对材料的选择达到了尽善尽美近乎苛刻的地步。如果观赏者是一只飞鸟，从天空俯视游泳跳水馆，会发现它象一片叶子一样，轻盈荡漾在绿色的碧波之中，而树叶就有纹脉，就像我们儿时书签一样，那是它生命的痕迹。这个建筑的纹脉，就是那一道道的板肋，即使是这简单的板肋，也凝聚了设计者无数的心思。

霍高文公司的 kalzip 屋面系统是在经过了肯定、否定、再肯定的不断改进后，才达到了业主和建筑师的要求。工程初始，出于工程造价的限制，厂家为该建筑的屋面选择了目前常用的直板板型，勿庸置疑，直板板型的屋面系统的优势就是造价较低、技术成熟、应用广泛。但是，每一个和建筑师探讨过这个方案的人都会发现，设计者想要的不是简单的平行的直线条，这样不是建筑师所要的纹脉，建筑师要的是自然的放射线。且让我们来研究一下这个屋面的平面吧，它是由两个等大的圆相交形成的一片巨大树叶，再看看该屋面两侧的采光孔，无不是由汇聚于圆心的直线和平行于边缘的弧线所构成的扇型，每一个线条都是多么的完美。虽然简单就是美，简单的直板布置又怎能完美的表现此建筑设计的意图呢？如果屋面板成平行的直板布置，就不可避免的会和成放射状布置的孔洞的边缘发生冲突，所以尽管不同的厂家都为该工程提供了各种各样的直板布置，都无法得到建筑师的完全认可，建筑师需要的是什么呢？很显然，建筑师要的就是由同一个圆心生长出来的脉络，就像树叶的纹脉那样，是那样的简单，又那么自然。在一次一次的和设计师的沟通中，霍高文公司最新型的 kalzip 扇型板屋面系统终于应用到了这片巨大的树叶之上，每一条板肋都指向圆心，板肋和屋面孔洞的边界的冲突问题也迎刃而解了，创造出意料之中的境界。

如果我是一只飞鸟，飞到天空，我会为这片完美的巨大树叶而赞叹！

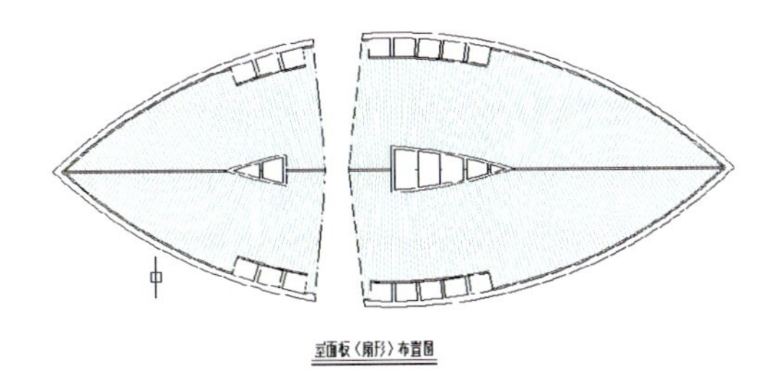

屋面板（扇形）布置图

广州国际会议展览中心——玻璃幕墙

■ 杨适伟

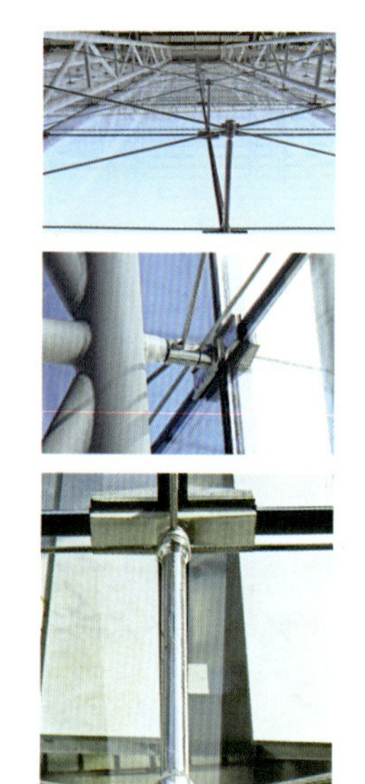

一、玻璃幕墙布置及种类

广州国际会议展览中心采用了大量的玻璃及金属材料作外饰，以体现现代建筑的风格。除南向立面外，其余立面以及各展览厅间的分隔，均以玻璃幕墙为主。其中面向珠江的北向玻璃幕墙，总长为446.3m，最高处为29.3m。该工程的玻璃幕墙主要为带装饰条的点式幕墙，考虑到该建筑体形的特点，在立面设计上强调竖线条，尽可能弱化横线条，采用2.5m的竖向分格，并加竖向装饰线条。玻璃的尺寸一般为2mx2.5m。部分玻璃幕墙为明框铝合金玻璃幕墙，少数为全玻璃幕墙，用玻璃肋支撑。

点式玻璃幕墙的支撑结构主要采用钢管桁架结构，桁架下端支撑在混凝土楼面上，上端支撑在屋盖钢结构下，由于屋盖钢结构有一定的纵向位移，玻璃幕墙设计考虑与屋盖的变形协调。

根据使用环境的要求，幕墙玻璃选用具有良好的隔声隔热、防漏抗冲击等功能的钢化中空遮阳型低辐射镀膜玻璃，减少热传递，减少能耗，具有环

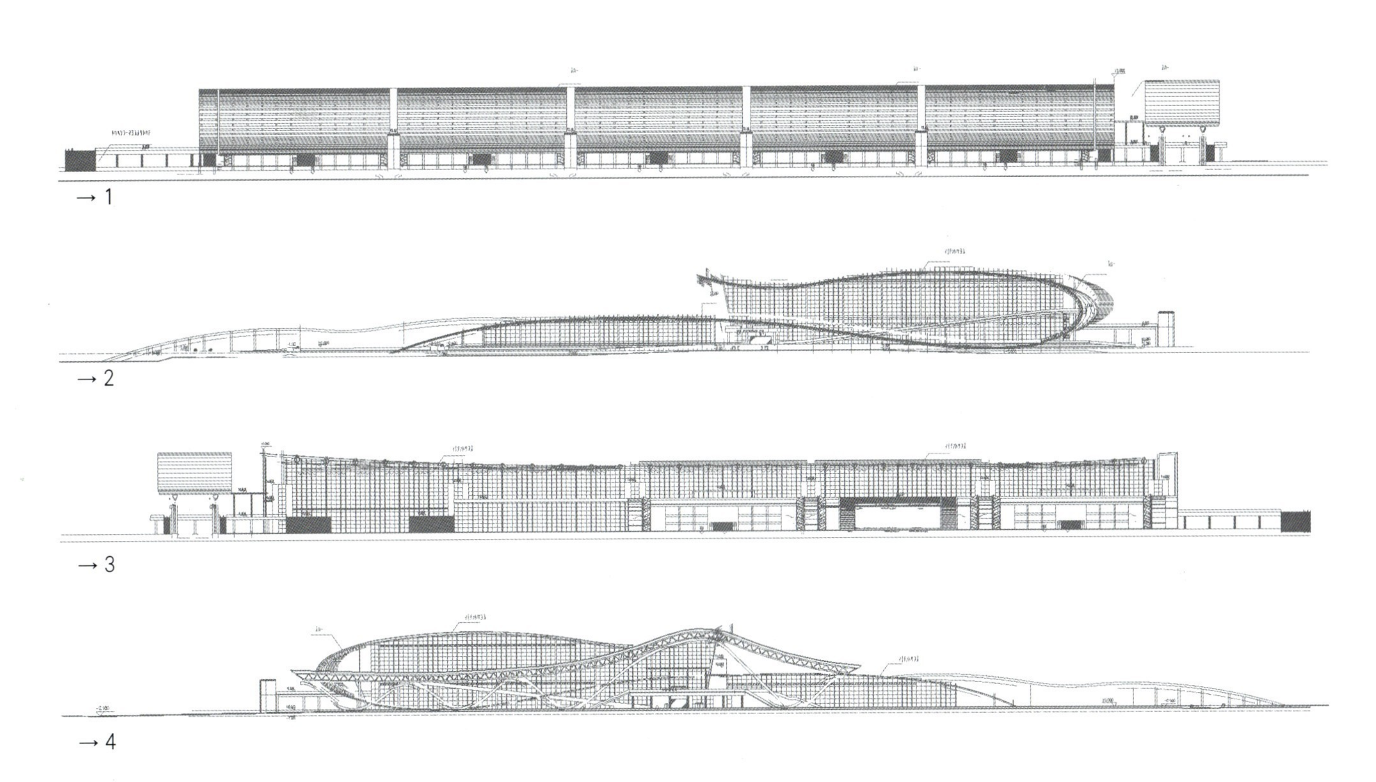
→ 1
→ 2
→ 3
→ 4

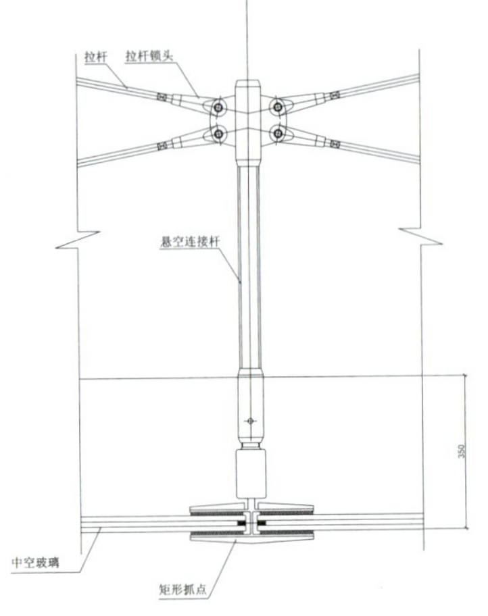

→5

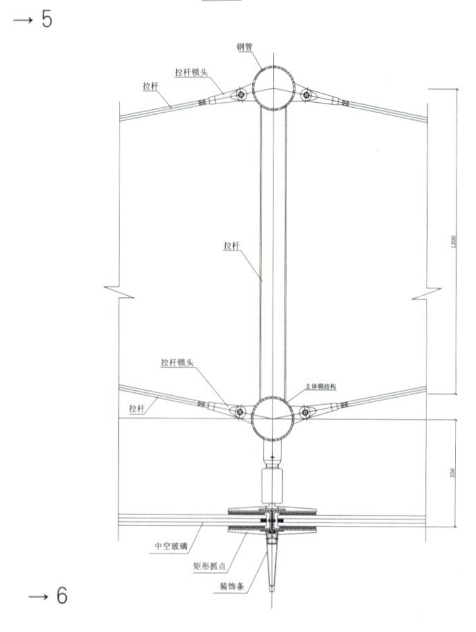

→6

保功能。玻璃颜色为亮灰色，具有上佳的装饰效果和采光、视觉作用。玻璃的连结节点采用矩形钢爪夹具结构，玻璃外的竖缝用铝合金片作竖向装饰线条。

二、玻璃幕墙的性能要求

玻璃幕墙的物理性能（幕墙的风压力变形性能、雨水渗漏性能等）满足国标 JG3035—1996 标准中 II 级等级要求及其各项技术要求：

a.风压变形性能：建筑幕墙在风荷载作用下，其主要受力杆件挠度限值：铝框架：相对挠度不大于L/180（L为铝框架高度），绝对挠度不大于20mm；钢桁架：相对挠度不大于L/300（L为钢桁架高度）。

b.雨水渗漏性能（II级）：固定部分大于等于1600Pa，可开启部分大于等于350Pa，在此值范围内，建筑幕墙在风雨共同作用下，其内表面无渗漏现象。

c.空气渗透性能（按GB/T15225—94为II级）：建筑幕墙在10Pa的内外压差下，其空气渗透量固定部分不大于0.05m³/(m·h)，可启开部分不大于1.5m³/(m·h)。

d.平面内变形性能：在设计允许的相对位移范围内，建筑幕墙不损坏。

e.低金属噪声性能：采取措施尽量减低因金属构件热胀冷缩及因结构件挠曲而产生的爆裂和摩擦等噪声。

f.建筑幕墙热量吸收与热断裂性能：建筑幕墙考虑玻璃在阳光照射下的热量吸收与热断裂性能，其热裂应力设计值小于玻璃应力设计值。

g.建筑幕墙耐撞击性能：建筑幕墙的耐撞击性能大于等于140N·m/s。

h.建筑幕墙隔声性能：建筑幕墙对各类声源进行有效隔绝，其隔声量大于等于30dB。

建筑幕墙建筑构造要求：采用进口的结构硅酮胶和耐候密封胶。

不同电位的金属在直接接触时用绝缘膜或垫片有效地分隔。

建筑幕墙的安全要求：建筑幕墙的防火设计符合《高层建筑防火规范》GB50045—95（2001年版）。钢结构支撑体系采用经消防部门的认可的防火涂料。建筑幕墙形成自身的防雷体系，并与主体结构的防雷体系可靠的连接。

三、玻璃幕墙的材料要求

建筑幕墙所用材料：玻璃、铝合金材料、建筑密封胶、点式幕墙构件的紧固件及其他不锈钢配件。

幕墙玻璃选用低辐射镀膜玻璃（简称Low–E玻璃），主要是考虑到Low–E玻璃的表面辐射率低（E ≤ 0.15）、红外线（热辐射）反射率高，这意味着它同室内外空气接触后吸热少、升温低、再放出的热量少，即隔热性能好；仅单片Low–E玻璃的U值就低于热反射玻璃，合成Low–E中空玻璃后这一优势更加突出，因此这是最理想的玻璃结构搭配。

Low–E玻璃的另一特点是透光率偏高（33%～72%），而遮阳系数Sc选择范围大（0.25～0.68）。与热反射玻璃相比，在同样的透光率下Low–E玻璃具有更低的Sc，这解决了热反射玻璃所遇到的矛盾，即在保证室内高透光的前提下不损失隔热性。

冬季Low–E玻璃可有效地阻止室内暖气和人体发出的热辐射泄向室外，夏季则有效地阻挡室外道路及建筑发出的热辐射进入室内。Low–E玻璃的这种阻挡热辐射透过的作用与季节无关，换句话说，Low–E玻璃是一种良好的绝热材料。

传热量的对比，在夏季白天室外35℃、室内20℃，冬季夜晚室外10℃、室内温度15℃的条件下，对几种玻璃的传热量进行计算，得出透过玻璃传递的热能（功能）的结果见表1。

从表中数据可以看出，在夏季白天，采用Low–E玻璃比采用同样透光率的热反射中空玻璃，可使透过每平方米

→（图1～图4）立面
→（图5）节点一
→（图6）节点二
→（图7）玻璃幕墙分隔节点1
→（图8）玻璃幕墙分隔节点2
→（图9）节点三
→（图10）节点四

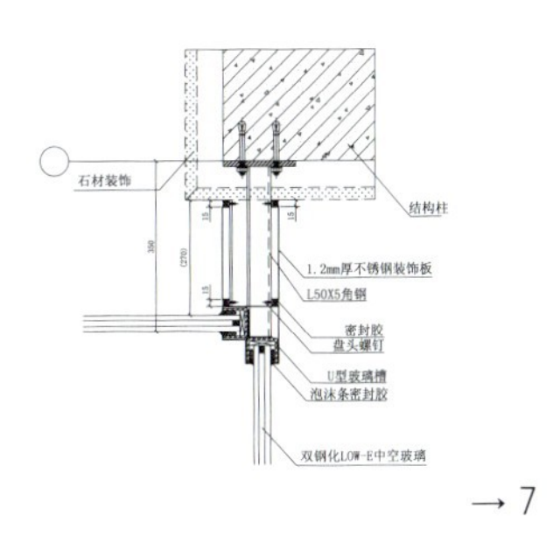

→7

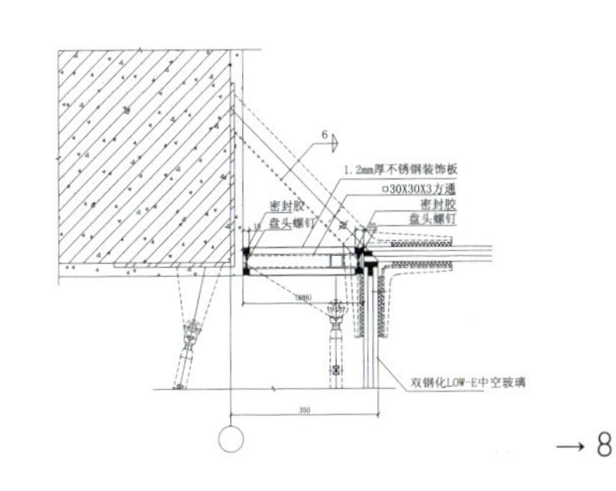

→8

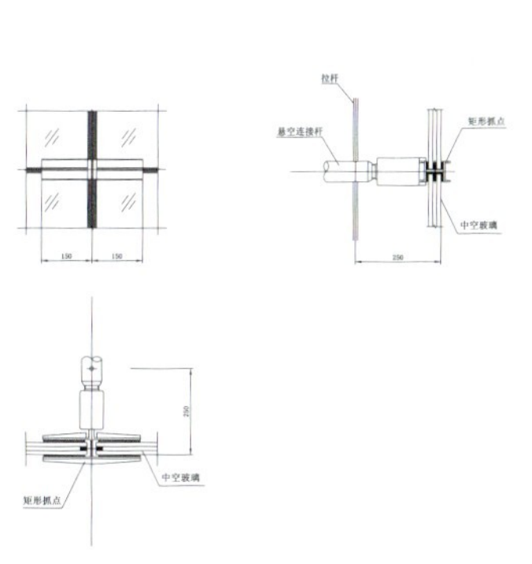

→9

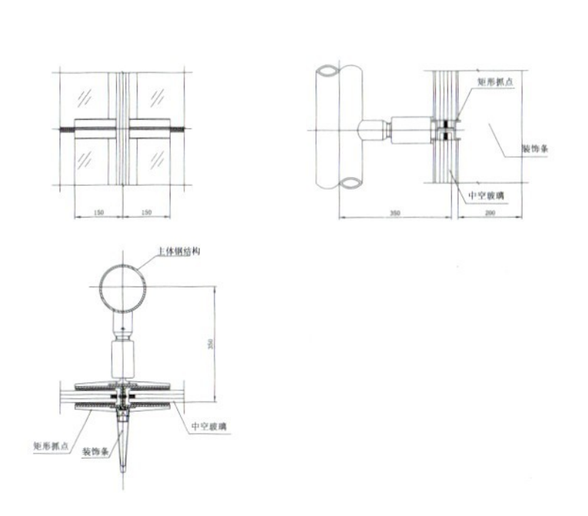

→10

玻璃进入室内的热能减少102W。而在冬季则可使透过每平方米玻璃泄出室内的热能少23W。若整个建筑物朝南向的采光窗为1000m²，全天太阳的平均辐射功率为最大功率的1/3，每天开机10小时，夏季开机3个月，则一个夏季可节省25500度电（未考虑电致冷转换率），节能效率达30%以上。冬季也可用同样方法估算出节能量。由此可见Low–E玻璃优良的节能特性。

Low–E是否适用于南方地区，取决于遮阳系数大小。早期的Low–E玻璃是为解决寒冷地区的保暖而推出的，它的透光率很高，遮阳系数也很高（约为0.68）。这样可使更多的阳光透过玻璃进入室内以利于采暖，这种玻璃不太适用于南方地区。但尽管如此它仍比普通白玻璃好很多。厂家引进国外技术生产的Low–E玻璃，根据中国地域范围广的特点推出了具有热反射功能的Low–E玻璃，这种玻璃的遮阳系数可低至0.3左右，能非常有效地将进入室内的太阳热能过滤掉，因而极适合南方地区使用。因此广州国际会议展览中心幕墙的玻璃采用此种Low–E玻璃。

中空玻璃共有四个表面，由室外向室内数分别为1号面、2号面、3号面、4号面。Low–E膜位于哪个面，从节能的角度考虑，遵循一般的原则：南方地区应位于第2号面，以便第一时间挡住来自室外的热量，北方地区则应位于第3号面，以便第一时间挡住来自室内的热量。即Low–E膜面应位于面向热源一端（高温区）的玻璃内表面上，避免辐射热传递给另一面（低温区）的玻璃，阻止该片玻璃传导散热损失。因此广州国际会议展览中心幕墙的玻璃的Low–E膜位于第2号面。需要引起注意同时更为重要的是，Low–E膜位于这两个不同的面所造成的外观颜色效果截然不同，不同型号的Low–E玻璃所具有的这种颜色效果区别很大。除无色的品种外，位于第2号面的外观效果具有镀膜玻璃的质感，而位于第3号面则没有这种效果。

建筑幕墙所选用的玻璃要求符合中华人民共和国国家标准：玻璃在外观上不存在夹胶层气泡、裂痕、缺角、夹钳印、叠层、磨伤、脱胶等缺陷。玻璃长度、宽度和对角线尺寸允许偏差为2mm。平面钢化玻璃的弯曲度，弓形时不超过0.5%，波形时不超过0.3%。

铝合金材料一般要求：铝型材料横截面大小按设计计算确定，杆件型材截面受力部分壁厚不小于3mm；铝合金型材经表面处理前后，符合LD31RCS合金的机械性能的要求（即受拉和受压强度大于84.2N/mm²，受剪强度大于48.9N/mm²）。所有外露的铝型材均为无冷桥铝材。

铝材表面处理要求：所有铝合金表面处理采用阳极酸化复合面膜（采用阳极面膜9μm以上，表面处理在7μm以上），颜色为淡化2次电解着色（不锈钢色），镀膜层符合国标试验要求：a.光亮度：涂层面的光亮度从60°角测得是25%～35%中亮度；b.干膜硬度：使用F级铅笔作“干膜硬度试验”，涂层无被划断现象；c.耐磨损性：涂层耐磨系数至少为40；d.抗化学性：在使用10%盐酸或碱性建筑用砂浆试验后，涂层不允许出现起皮、失粘或外观发生变化的现象；e.耐湿性：试件在试验箱中相对湿度为100%的环境中经历300小时的作用下，其表面只允许呈少量8号尺寸大小的起皮现象；f.盐水喷洒试验：试件暴露在100°F（37.8℃）的5%盐水喷洒下300小时，起皮现象评分至少为8，水平刻划线评分至少为7。

玻璃幕墙密封胶采用SS611和SS615（用于中空玻璃）。结构胶采用S621。硅胶采用高模数中性胶，具有良好粘着力的延伸率、抗气候变化，抗紫外线破坏，抗撕裂和耐老化等。使用密封胶时，严格遵守材料制造商关于产品使用及接缝尺寸限制的书面说明。

点式幕墙构件的紧固件及其他不锈钢配件：玻璃幕墙的矩形钢爪夹具的构造，是该玻璃幕墙工程的关键。采用SUS316不锈钢经机加工成型的矩形点式托块组装夹具，其外露表面进行抛光处理，达到亚光的效果，它具有外观精美，耐腐蚀，便于调整，方便施工，连接牢固，不会脱落等优点。玻璃幕墙支撑结构的拉杆及连接件采用SUS316不锈钢制作。螺栓、螺帽、拉接板、拉接栓、弹簧垫圈等采用不锈钢制作。

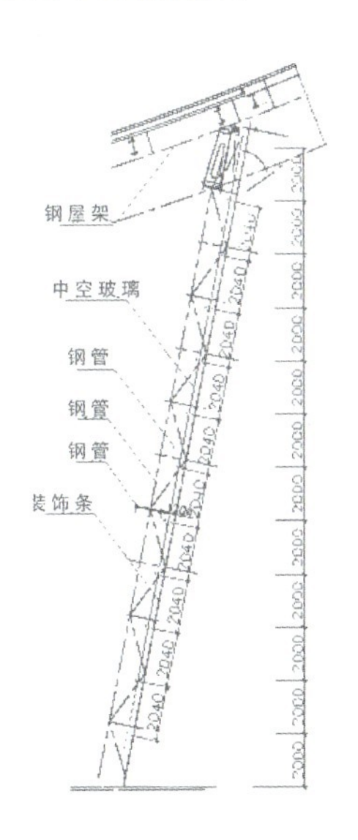

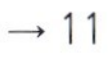
→ 11

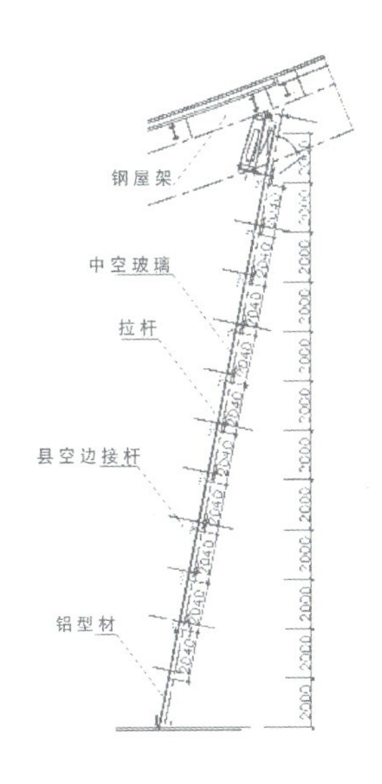

→ 12

→（图11）详图
→（图12）详图

表1

玻璃种类、结构	结构传入室内的热量	冬季传出室内的热量
单片6mm白玻璃	710 W/m^2	154 W/m^2
白玻璃中空玻璃	594 W/m^2	69 W/m^2
单片热反射玻璃	432 W/m^2	141 W/m^2
热反射中空玻璃	323 W/m^2	65 W/m^2
Low-E 中空玻璃	221 W/m^2	42 W/m^2

LOW—e 钢化中空玻璃颜色为亮灰色，具体要求如下：

传热系数（W/m^{2}K）U值	<1.8
遮阳系数（Sc）	<0.5
可见光透过率	>45%
可见光反射率	符合国家标准

玻璃隔声降噪性能，玻璃对各类声源进行有效隔离，玻璃八音段声减低系数（SRI）满足以下要求

八间段中心频率（Hz）	125	250	500	1k	2k
玻璃声量（dB）	30	32	33	35	44

玻璃的技术参数：

冬季夜晚“KSI”值	1.8
夏季白天“KSI”值	1.9
可见光线传输	33%
室内可见反射	30%
室外可见反射	28%
阳光传输	28%
阳光反射	27%
遮荫系数	0.44

一个非同寻常的大型工程——西直门综合交通枢纽

■ 苗茁 王宇

→ 1

即将于2005年全面竣工的西直门综合交通枢纽工程（现命名为西环广场），地处北京西直门立交桥西北角。总用地面积5.99ha，总建筑面积29.48万m^2。它是我国第一座以城市轨道交通换乘为主的大型客运交通枢纽，是北京市大力发展轨道交通所产生的新的建筑类型，在设计上没有以往同类建筑的经验可借鉴，对建筑师充满了挑战。

开发模式

本工程业主是一家隶属于政府的国有投资公司。工程从前期拆迁到枢纽建设全部为公司自筹资金。为了平衡投资，业主将在规划许可的范围内，在交通枢纽用地内建设一定比例的商业开发用房。这种开发模式需要建筑师在社会效益和经济效益之间寻找一个平衡点，一方面最大限度地提高市民换乘的方便、舒适程度；另一方面要为业主创造有经济价值的空间。这不仅仅体现在建筑师将建设用地用足、将建筑面积做大，更重要的是全面提升商业空间的质量。

→（图1）弧形玻璃屋顶剖面

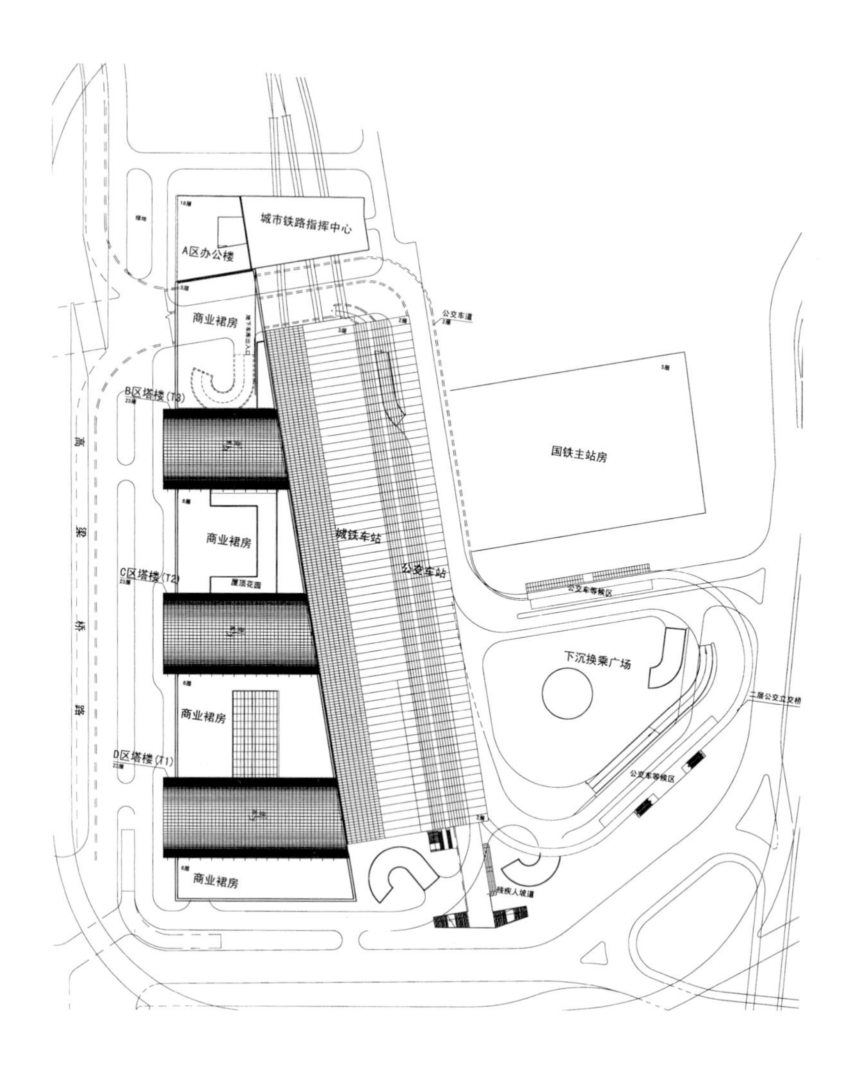

→2

功能分区、流线设计

交通换乘是本工程最根本的功能。

用地中区是城市轻轨铁路西直门终点站，到达站台在车站三层。东区是一座新型的公交车专用环形立交桥，共14条线路，全部为二层高架设计，保证公交车从城市快速路系统直接连通。公交车站东侧，首层是出租车停靠站，以及社会车辆的环路。地下一层是一个面积为6000m²的下沉式广场。广场向南连接现有的西直门地铁站(环线)，以及未来的地铁3号线西直门站；向北连接国家铁路北京北站。所有交通方式间的换乘，都在室内或半室内的环境下完成。分层的设计保证了公交车、出租车、社会车辆以及乘客之间互相没有交叉和干扰，保证了乘客的安全和舒适。

中区和东区构成了交通枢纽的换乘部分，每天将接待30万乘客。预计2010年日客流量将达到63万人次。

西区为商业开发部分，包括三栋99m高、一栋60m高的写字楼，及地上6层的商业裙房。裙房包括商场、快餐店和高档餐厅。地下3层设有大型超市、地下车库，停车数量高达1400辆。这些部分都直接与换乘部分连通，满足换乘乘客的购物、娱乐要求（图2）。

合作设计、相互协调

西直门枢纽工程的功能复杂程度是惊人的。它不仅表现在不同使用者的不同功能要求，同时在技术上也跨越了不同的领域。中国建筑设计研究院作为项目的总体规划、设计单位，在设计过程中与多家设计院进行了紧密的配合，保证枢纽先后开工的不同部分永远是一个完整、协调的整体。

在枢纽内部交通组织上，中国建筑设计研究院与法国国营铁路公司设计院(AREP)进行了合作设计，以吸取发达国家在交通组织方面的先进经验。城市轻轨车站的站台及指挥中心，因为轨道交通有专业要求，由北京城建设计院设计。枢纽与外部城市交通系统的连接部分、东区二层公交车高架环路部分，由北京市政工程设计研究院负责设计。

这也正是本项目非同寻常的一点。它是多用户、多专业经过3年不断协调、配合的成果。平时只设计单体建筑的建筑师，第一次涉足了城市市域交通规划、流量分析、高架路、桥、轨道交通等专业领域。相信随着城市交通的飞速发展，这样的跨专业合作会越来越多。

立面造型、古城意象

近期北京市恢复了多处古城墙遗址，很大程度上表达了人们对老北京城墙的怀念和对城市文化的反思。西直门枢纽工程恰好处于古西直门附近，从建筑体量和立面处理上，我们认为既不能无视历史文脉，做一个纯粹的“现代建筑”，又不能简单地重复“夺回古都风貌”的老路。“贵在神似”应该是努力的方向，而神似的“度”正是需要建筑师准确把握的。

从北二环西望西直门方向，三座晶莹剔透近百米高的写字楼一定会是地标性的建筑物。东西立面为拱形结构，隐

→（图2）总平面布置图
→（图3）层间防火节点

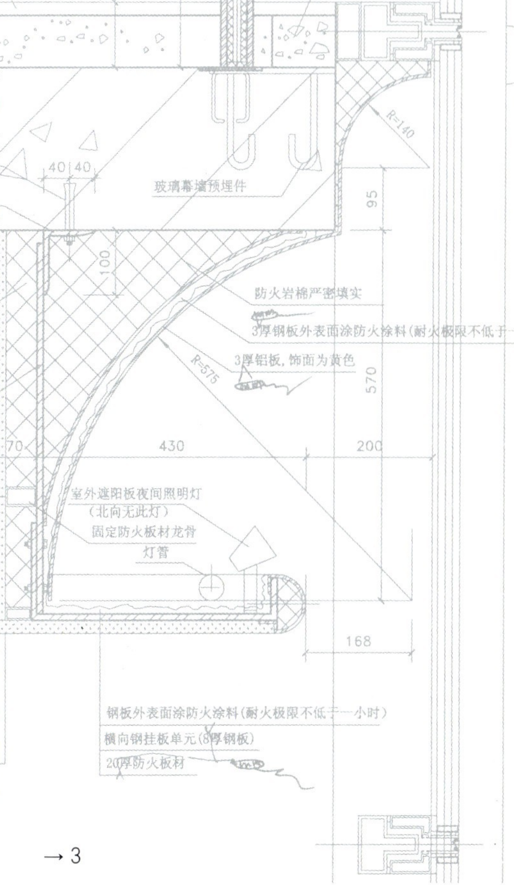

→3

喻着古城门门洞的空间。南向的玻璃幕墙外设有一层遮阳系统，每个遮阳板单元由7根琉璃质感的筒瓦组成。筒瓦内穿有金属骨架。上千个这样的单元为通透的玻璃幕墙挂上了一道“珠帘”。遮阳板的材质、形状、尺度都是从古建筑屋顶的琉璃筒瓦得到的启发，并与欧洲高科技的遮阳系统完美地结合起来，为使用传统形式、传统材料提供了新的思路。

塔楼的基座是6层的大型商业中心。外墙采用黑色花岗石装饰，墙厚达700mm。墙面没有任何繁琐的线角以及商业化的手法。这种质朴和厚重正是古城墙的意象。

建筑的外部造型完整、大气，充满了高科技现代气息，有些媒体将其称为“法式风格标志性建筑”，其实仔细品味可以发现，建筑师对古都历史的尊重和自豪。

细节推敲、技术处理

本项目是北京市重点工程之一，加之功能复杂，设计时间的紧迫可想而知。但是技术上的细节还是经过了反复的推敲、考察。在这个产品供过于求的时代，产品间的竞争往往就是细节的竞争。

为了给写字楼的用户带来开阔的视野、优美的风景和充足的照明，写字楼的外墙全部为高透明度的无色玻璃。其低折射的性能也避免了给城市带来令人反感的光污染。

透明的玻璃幕墙会使建筑内的梁、柱、墙等构件一览无余，从而影响外立面的通透效果，为此，针对每一种构件、部位都进行了不同的处理。柱子和梁全部都离开外墙2.2m，仅靠挑出的楼板来固定玻璃幕墙。内隔墙与外墙相接，都是在玻璃幕墙的立框位置，而不是直接撞在玻璃上，通过这样处理，保证了玻璃幕墙的纯净感。从外看去，仅看到通透的玻璃幕墙和层间薄薄的楼板，玻璃材质的特点也得到了最佳的表现，近百米高的办公楼似乎只是一个轻盈的玻璃制品。

由于没有普通玻璃幕墙系统的窗下

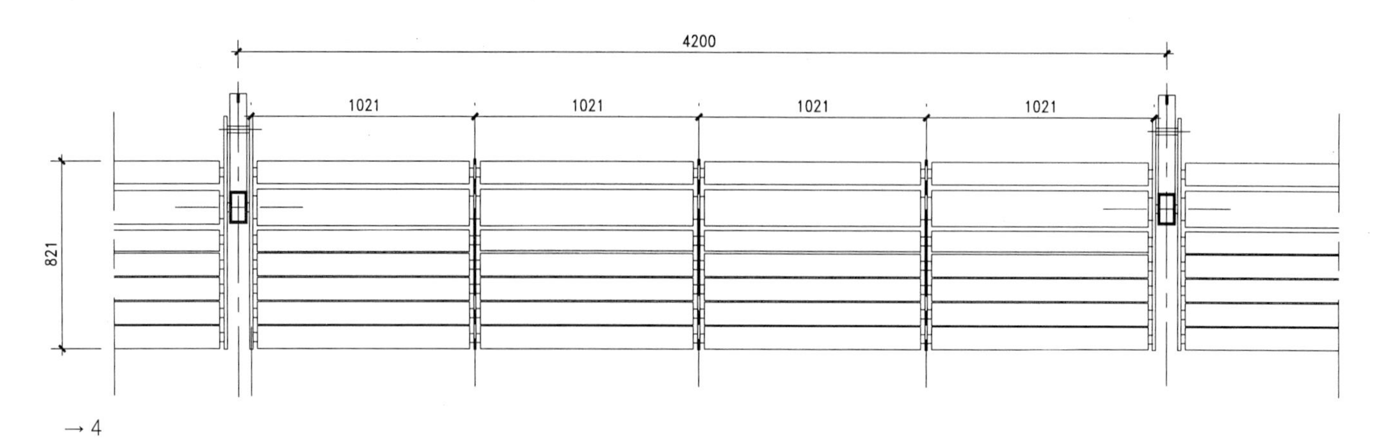

→ 4

→（图4）遮阳板平面
→（图5）遮阳板侧立面
→（图6）遮阳板剖面

墙，为保证用户的安全，在幕墙内侧安装了钢化玻璃栏杆。同时就楼层间防火封堵高度不足的问题，咨询了多家专业幕墙公司，共同研究设计了新的幕墙层间防火节点，通过了中国建筑科学研究院建筑防火研究所的专门试验，得到了肯定的检测报告（图3）。

写字楼的最顶层是二十三层，它是开敞的空间，被弧形的玻璃屋顶所覆盖，具有最好的视野和最多的光线，在使用功能上它是开放的，也许是公司业绩的展示厅，也许是公司职员的公共休息厅。为保证这一空间的完整，所有应放在屋顶的设备及机房都放在了二十二层，为此，设备专业的工程师付出了很多努力。弧形玻璃屋顶的结构设计为达到最通透的效果，采用了先进的索拱结构体系，使弧形钢拱做到了最小结构尺寸，并用细索取代了钢梁（图1）。

为降低玻璃幕墙办公楼的能耗，尤其是夏季会出现的温室效应，在玻璃幕墙不同朝向、不同位置，有着不同的技术构造：南向幕墙外设计了大型陶质遮阳板系统，遮阳板的形状和尺寸是根据北京地区太阳入射角度决定的，可以针对南向强烈的日照能量进行有效地吸收和反射，而且不会将热量传到室内（图4、图5、图6）。遮阳板的设计高度尽可能避免了对视线的遮挡。东西向则在幕墙内侧加装了竖向的金属百叶，既增加了东西立面挺拔的竖向线条，又可以防止西晒太阳光的平射。北侧的玻璃幕墙不需考虑遮阳系统，作为冬季的迎风面使用Low E玻璃就可以了。通过上述技术设计可以降低建筑的能耗，节约业主的使用成本。

经过这一系列的努力，大楼看上去干净、纯粹。正像合作方法国AREP的专家说的："看上去的简单、纯净、通透，反而需要更多的工作和更高的技术来保证。"

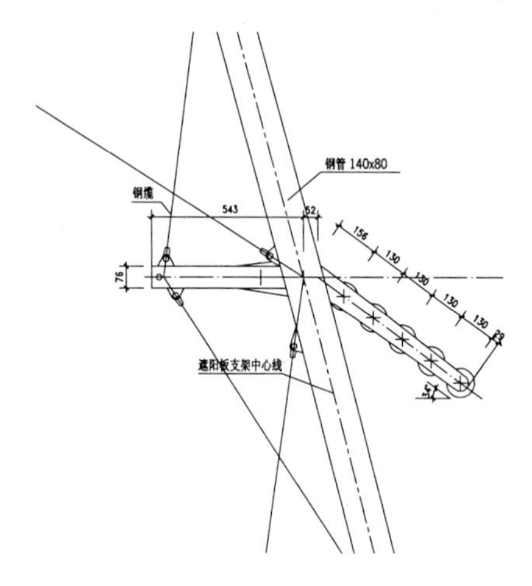

→ 5

遗憾的艺术

"建筑是遗憾的艺术"。的确如此。在这个我们用了3年心血打磨的设计中，还是有很多想法没能实现，比如造价偏高的"双层中空玻璃内置百叶的幕墙系统"。有很多设计被取消了，比如可以将日光带到地下室的宽大的商业共享中庭；比如可容纳4000辆自行车的停车场。原因各种各样。我们已尽了最大的努力。

毕竟这是国内首次建设大型综合交通枢纽，一切的尝试都将成为未来宝贵的经验。我们期待着建筑落成后，来自专家和市民的肯定或否定的评价，这将有助于我们不断提高自己。

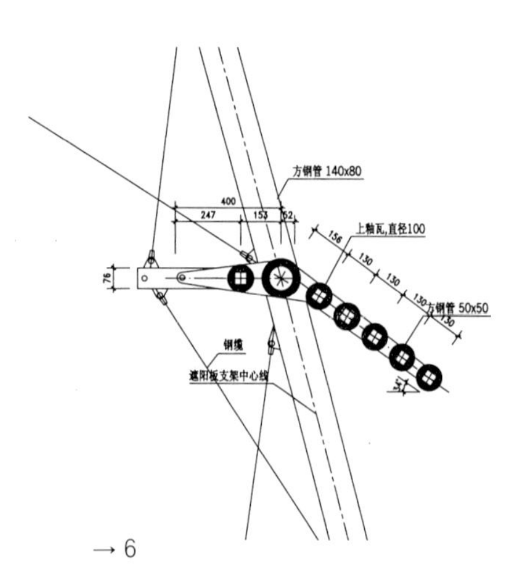

→ 6

WIN
RED MEANS GO

阳光界面 阳光室内

■ 徐卫国

1. 建筑学的本体还原

20世纪末期以来，建筑学受艺术潮流的影响，似乎也开始了对自身根源的探寻，建筑设计对建筑本体的回归试图摆脱审美意识形态的干扰，转而着力追寻建筑基本建造问题的解决。这种现象学的还原设计哲学使建筑重新找到本真的一面，表现出真实的形象。研究建筑的基本建造问题成了建筑设计的核心，材料、节点、构造以及建造成为关键词，如何诗意般地自然表现结构和建造逻辑是设计的出发点。然而这种还原动作也存在着危险性，建筑师很容易把还原思想曲解为还原到土著纯自发的建造，从而忽视了当代建造条件，一味追求已失去的昔日土木工事。比如，对泥土建材的眷恋，对木材的过分推崇，这只能使建筑学产生倒退。如果我们正确认识建筑学对根源探求的概念内涵，我们的行动就不会放在过去，而是放在现在，此时此地以及现状条件便成为我们设计还原的起点。我们今天最常用的材料是钢筋混凝土、型钢、面砖、花岗石、铝塑板、涂料、不锈钢，还有玻璃等等，当今最常用的结构形式是钢结构、钢筋混凝土框架结构、混合结构等等。这些理所应当成为当今建筑师诗意般建造的基本条件。

2.“玻璃幕解放运动”

密斯上个世纪 20 年代之际提出全玻璃幕摩天楼的设想，但由于当时透明玻璃的导热系数约为5kcal/(h·m^2.℃)，若用这种玻璃来做幕墙，冬天取暖及夏天制冷所耗能量是难以想象的昂贵，因而玻璃摩天楼只能停留在设想的阶段。50年代着色玻璃以及60 年代镜面玻璃的出现，使得玻璃幕墙的理想成为现实，这是因为着色玻璃或镜面玻璃的隔

→(图1—图3) 立面
→(图4) 总平面

→1

→2

→3

热性能要比透明玻璃好得多。1958年密斯与约翰逊合作，设计了纽约西格拉姆大厦（38层琥珀色着色玻璃幕墙）；1962年，沙里宁事务所在贝尔电话实验室采用了镜面玻璃，随后镜面玻璃幕墙从美国传到世界各地。

镜面玻璃尽管有良好的隔热性能，但是，它却使玻璃的透明材性蒙受屈辱，玻璃由熔体过冷所得，并因黏度逐渐增大而具有固体机械性质，它的特点为脆、透明。镜面玻璃是在优质透明玻璃表面镀一至多层金属或化合物薄膜而成，由于薄膜的存在，镜面玻璃的透明度大打折扣，它给建筑室内带来了一道阴森的薄幕，宛若把人们置身于阴暗的地狱，使人与室外的灿烂阳光相隔离。同时，由于它的反射性质，还给周围环境带来光污染和热污染。鉴于镜面玻璃幕墙的种种问题，人们开始重新研究用于玻璃幕墙的材料，这次人们的思路似乎要正确得多，这就是保持玻璃透明性的透明玻璃幕的探索。真空或中空透明玻璃的出现、低辐射（LOW—E）玻璃的发明，双层表皮玻璃幕的研制等等，这些使得透明玻璃幕墙成为可能，透明玻璃幕墙建筑成为当今设计的潮流。

玻璃幕墙在中国的历史就更耐人寻味，1983年第一座镜面玻璃幕墙建筑在北京东三环路边建成，这就是长城饭店，有趣的是，长城饭店采用钢筋混凝土框架结构，外墙框架之间有填充墙，镜面玻璃幕墙是作为外墙装饰材料而出现的，作为示范，此后，从一般性建筑到重要公共建筑，许多项目均效仿了这种装饰性的做法，昂贵的镜面玻璃幕墙沦落到与瓷砖一样的地位。1989年北京国际贸易中心办公楼采用了钢结构，外挂茶色玻璃幕，似乎拯救了镜面玻璃的命运，对此后国内镜面玻璃幕的建造作了一点有益的引导。随着90年代中国建筑界逐步溶入世界建筑发展的潮流，中

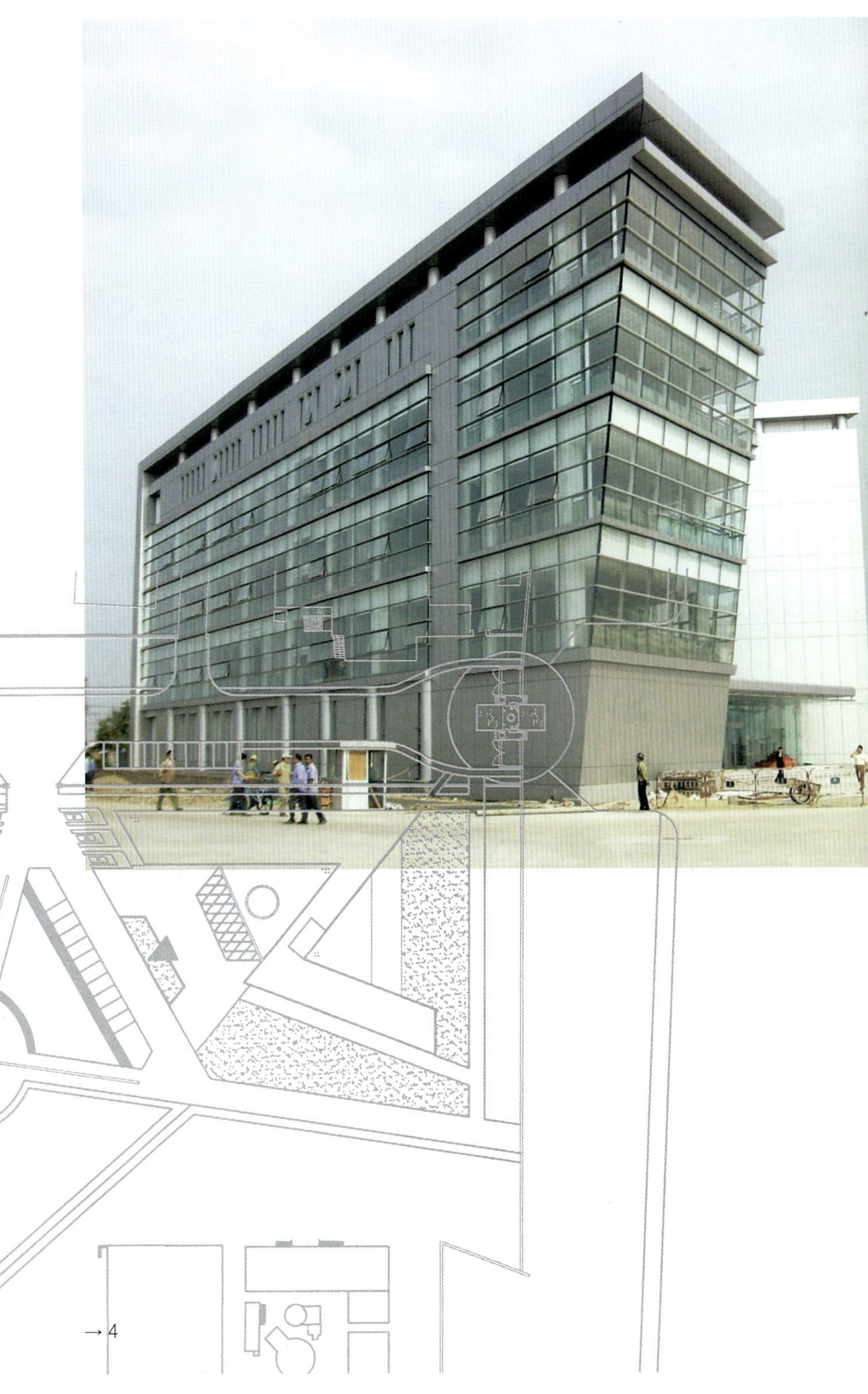

→4

国建筑师也同样看到了镜面玻璃幕的种种问题，并也积极投入到“解放玻璃幕”的设计中去，对透明玻璃幕的探索同样也是中国建筑师的工作。从装饰镜面玻璃幕到作为围护构件的镜面玻璃幕，再到透明玻璃幕，真可谓一场解放运动。

3、透明玻璃幕的诗意

天津大港电厂办公楼位于厂区东北，平面形如触电警示符号，它既是地段周边道路及建筑限定的结果，同时也是电厂特殊功能的暗喻。办公楼主入口朝向西南，与厂区中心广场相对应，并且也与厂区主厂房产生联系。办公楼共5层，N型骨架主体内为电厂各部办公室，N型开口一边为报告厅及大型会议室，另一边为与主入口门厅相连接的5层挑空吹拔空间，多层吹拔空间是建筑的核心，起着上下水平联系各向用房的作用，从通风的角度，它又像气管，使建筑各部分呼吸通畅。

该办公楼多处采用了透明玻璃幕墙，如入口门厅、多层吹拔空间的立面、

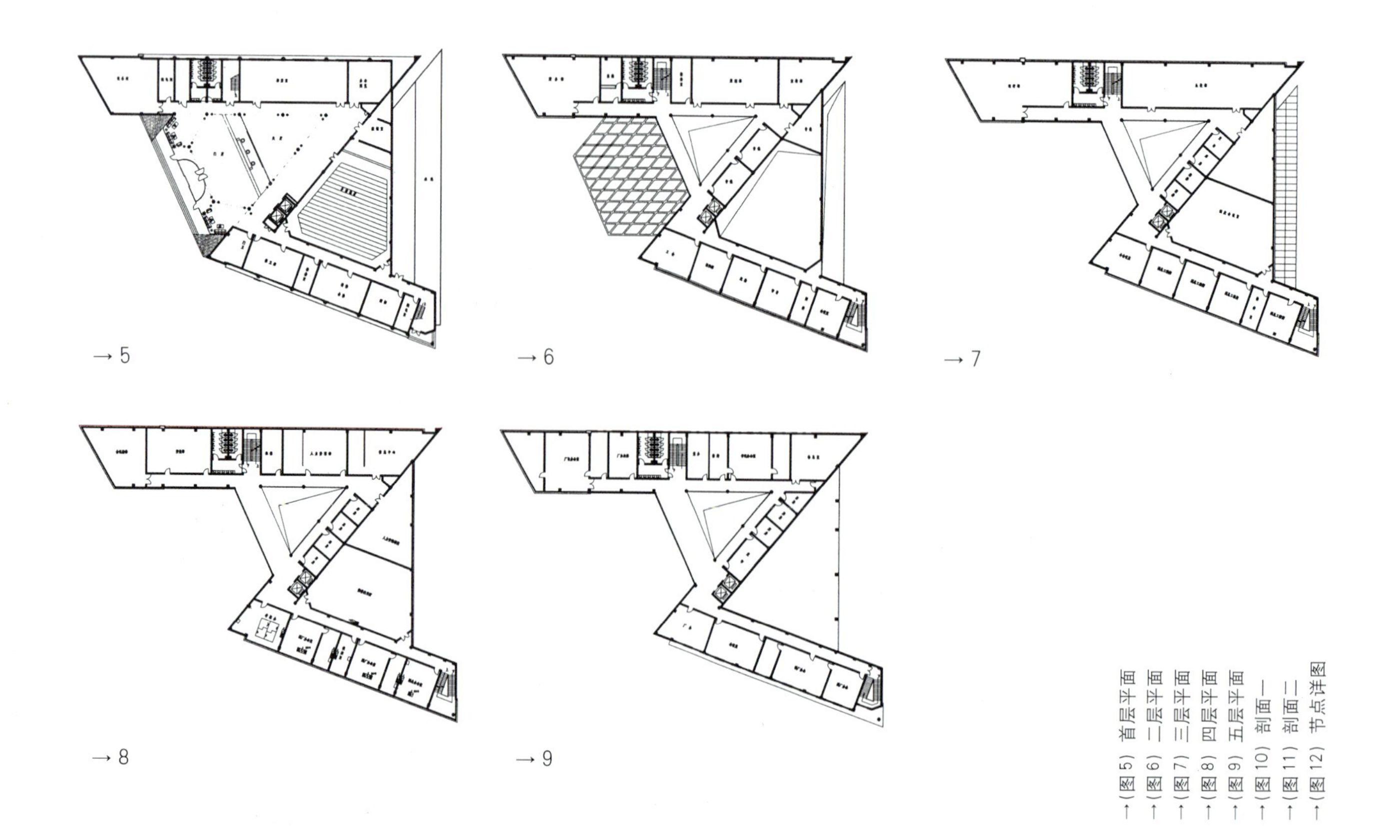

→（图5）首层平面
→（图6）二层平面
→（图7）三层平面
→（图8）四层平面
→（图9）五层平面
→（图10）剖面一
→（图11）剖面二
→（图12）节点详图

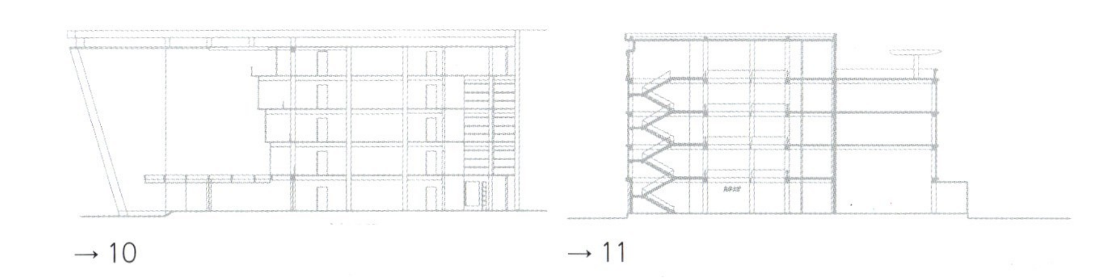

→ 10 → 11

报告厅东侧休息空间、以及建筑主体外墙等等，透明玻璃幕为 6+9+6（6mm厚玻璃 +9mm 厚空气层 +6mm 厚玻璃）的构造做法，由于透明玻璃幕的合理使用，建筑室内自然光线充足，当身临其境时体验到的是这种透明幕墙构造的优雅表现性特质。

（1）透明玻璃幕解放了玻璃的透明材性，使玻璃可以重显通透、轻盈、明亮的本色。

（2）透明玻璃幕构筑了大面积阳光界面，为建筑室内带来充足的光线，为使用者最大程度地争取到与室外大自然的接触面，使人们可以享受到阳光、绿化及蓝天。

（3）透明玻璃幕使得建筑结构获得清晰地展现。透过大港办公楼的玻璃幕，不仅可以看出受力梁柱以及隔墙吊顶之间明确的逻辑关系，并且由于悬挑的现浇楼板作为玻璃幕横向划分，钢筋混凝土结构与幕墙构造亲密结合、友好相处的气氛也彰显无疑。玻璃幕的存在不仅表现了钢筋混凝土结构的受力关系，同时歌颂了建筑结构与幕墙构造的逻辑关系。

（4）透明玻璃幕由于光明磊落的构造精神，要求室内室外的幕墙构造节点具有精致的设计及工艺，从大港办公楼幕墙的立面划分、玻璃转角、横向明框、与铝幕的连接等细部之处似乎都可寻找到这种精美的特性。

建筑名称：天津大港电厂办公楼
建筑面积：$7406m^2$
竣工时间：2003 年 6 月
建筑设计单位：北京清华安地建筑设计顾问有限责任公司
北京威斯顿建筑设计有限公司
项目总负责人：徐卫国
建筑设计：徐卫国 李莉
结构设计：穆建军
给排水及暖通设计：毛丙纯
电气设计：田大方

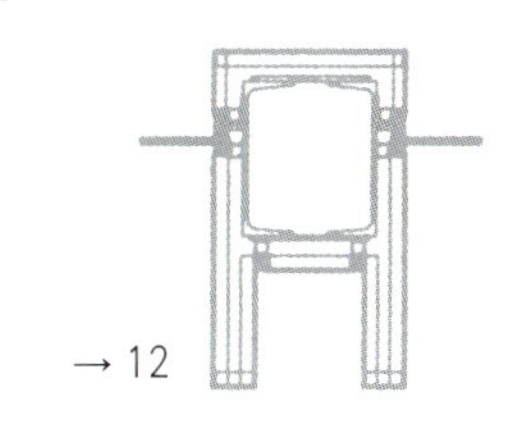

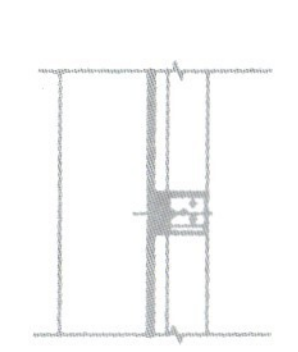

→ 12

中国工商银行总行办公楼——玻璃幕墙设计与构造

■ 张秀国

→1

80年代以来，我国城市建设飞速发展，以玻璃、铝合金、石材幕墙为代表的高新建材得到广泛应用。在大型公共建筑上，幕墙的发展势头方兴未艾，其所运用的新材料、新技术也就成为现代科技的象征和建筑发展水平的一个重要标志。

中国工商银行总行办公楼就是运用现代幕墙技术取得成功的很好实例。该建筑采用了蓝绿色的玻璃，银灰色的铝合金板，灰黑色的花岗岩石等材料，设计了造型独特的现代化建筑外观，充分体现了现代建筑发展的潮流，同时也向世人展示出现代高科技技术使建筑物表现出的一种精美（图1）。

中国工商银行总行办公楼由美国SOM国际有限公司为主设计，北京市建筑设计研究院合作设计。它是一栋矗立在长安街上为人们所瞩目的综合性智能化办公楼，建筑面积约8万m^2。结构形式是地下3层为钢筋混凝土结构，地上11层钢结构，楼板为模板型压型钢板现浇混凝土（图4）。

本工程的幕墙由美国BENSON专业幕墙公司设计，它代表着当今世界幕墙设计的先进水平。

→4

→2

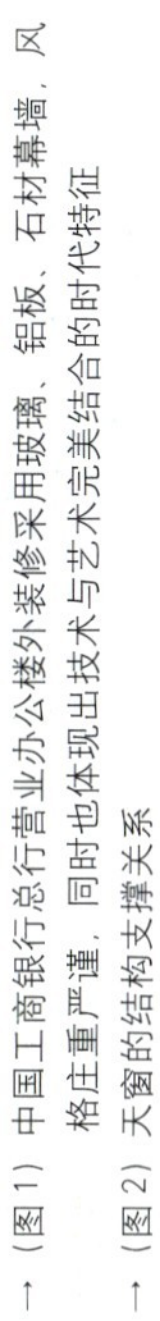

→（图1）中国工商银行总行营业办公楼外装修采用玻璃、铝板、石材幕墙，风格庄重严谨，同时也体现出技术与艺术完美结合的时代特征
→（图2）天窗的结构支撑关系
→（图3）设在玻璃天窗下方的灯具及线槽用特制的铝板装饰，风格统一
→（图4）首层平面

玻璃幕墙

玻璃幕墙作为围护结构是由金属框和玻璃组成，而玻璃对玻璃幕墙起着关键性的作用，它是玻璃幕墙的主要材料之一。玻璃具有透射、吸收、反射特性，它直接制约着幕墙的各项性能，同时也是幕墙艺术风格的主要体现者。

中国工商银行总行办公楼玻璃幕墙的组合有以下几种：

1.一般部位

一般室外玻璃幕墙采用了高效节能的双层中空玻璃。外侧为6mm厚、蓝绿色的钢化玻璃，玻璃内侧镀有低辐射膜，中间为12mm空气层，内侧玻璃为6mm厚，在人能接触到的部位采用半钢化玻璃，其余为普通透明浮法玻璃。这种玻璃的组合，其特点是：玻璃内表面镀一层低辐射膜后，反射率降低（只有0.1～0.2，而普通玻璃为0.84），这种玻璃对可见光和近红外线的透过率较高，反射率较低，因而作为窗玻璃可获得大量的太阳辐射热，但对常温下的长波辐射热的透过率很低，反射率高，因而保温性能良好，再加上为中空玻璃，传热系数可低至普通单层玻璃的1/3～1/4，特别适合于冬季以采暖为主的北方地区。普通的中空玻璃，玻璃采用普通透明玻璃，太阳辐射透过率很高，冬季，在有阳光照射的时间内，室内可获得太阳的辐射热，又由于有空气间层的保温作用，传热系数可大幅度降低，能减少采暖能耗，但在夏季降低空调能耗的作用比较有限，因此，尚达不到全天候高效节能的目的。

→3

2．特殊部位

本工程在既需要采光，又需要遮挡人视线的一些房间的外墙玻璃幕，如：主楼南面首层的开敞内部办公区，裙房南面后勤服务房间，除按一般玻璃幕墙做成双层中空玻璃镀低辐射膜以外，内侧玻璃为喷砂面的半透明玻璃，达到了遮挡视线的目的（图5）。另外，主楼弧形区的卫生间、设备机房，由于朝北没有太阳辐射，所以，此处玻璃幕墙的双层中空玻璃内，未镀低辐射膜，但这些房间需要遮挡人视线，因而内侧玻璃为喷砂面的半透明玻璃。主楼弧形区北侧首层玻璃幕墙，采用双层中空玻璃，未镀低辐射膜。由于人能够直接接触到玻璃，为了安全，靠室外一侧的玻璃为夹层玻璃，即两层6mm厚玻璃中间层为透明的聚乙烯醇缩丁醛膜（Poly ving-Buryral，简称PVB膜），这种夹层玻璃具有良好的防飞散、耐贯通能力，强度高、安全可靠。室内的玻璃由于人接触不到，为普通的浮法玻璃。

3．反射玻璃屏

反射玻璃屏是在室外沿中庭玻璃屋顶竖起一道百余米长、约7m高的反射玻璃屏钢架，钢架上悬挂着1221组可调节角度的中空玻璃反射体（图6）。朝向阳光的第一层玻璃为5mm特制玻璃（Industrex），玻璃背面为漫反射面。中间为6mm厚空气层，第二层玻璃为6mm厚反射镀膜玻璃（VX_2–LE）。反射玻璃屏的设计原理是根据日出日落的变化（太阳高度角与方位角的改变），科学地把每个玻璃反射体按组从两侧逐渐向中间角度由大到小变化。当太阳光透射过第一层玻璃，经过漫射，均匀的光线投射到第二层镜面反射的玻璃上，再将其反射回来，穿过第一层玻璃照向中庭天窗，透过玻璃屋顶射入中庭内，使中庭全天都沐浴在柔和的天然光线之中。反射玻璃屏使现代科学成果在这里得到

→5

→（图5）首层营业厅的采光窗采用半透明玻璃遮挡视线（南立面）
→（图6）屋顶的反射屏可将阳光反射到中庭，增加中庭的照度
→（图7）反射屏剖图

→ 6

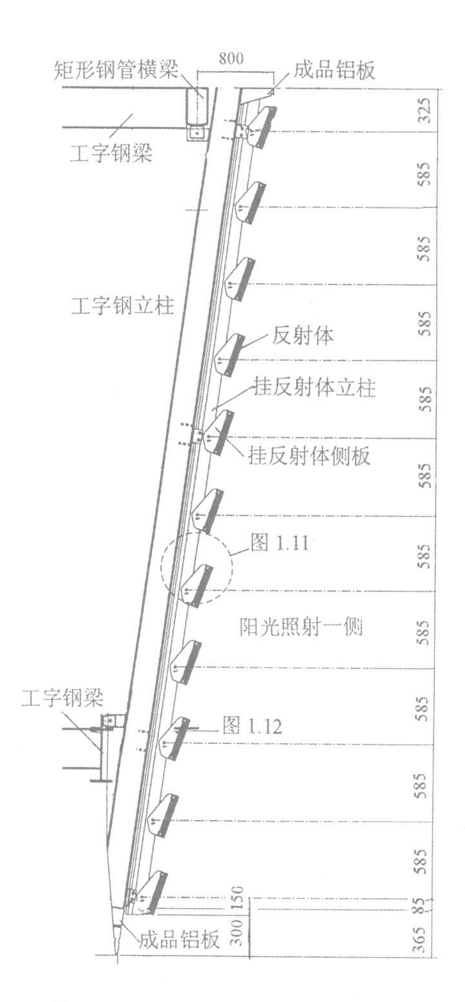

矩形钢管横梁
800
成品铝板
工字钢梁
工字钢立柱
反射体
挂反射体立柱
挂反射体侧板
图 1.11
阳光照射一侧
工字钢梁
图 1.12
成品铝板
325
585
585
585
585
585
585
585
585
585
585
150
85
300
365

→ 7

→ 8

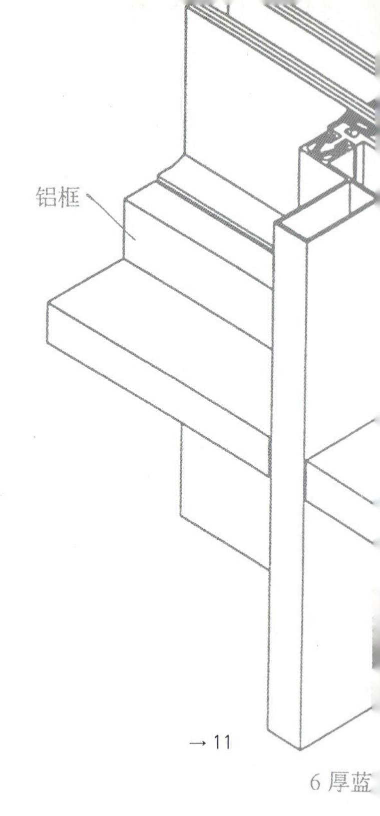

→ 11

6 厚蓝

→（图 8）放射型的天窗钢梁与玻璃屋面板
→（图 9）中庭在阳光照射下，光影斑驳
→（图 10）标准玻璃幕墙开启扇节点
→（图 11）标准玻璃幕墙节点透视
→（图 12）主入口玻璃雨罩表现了强烈的结构美

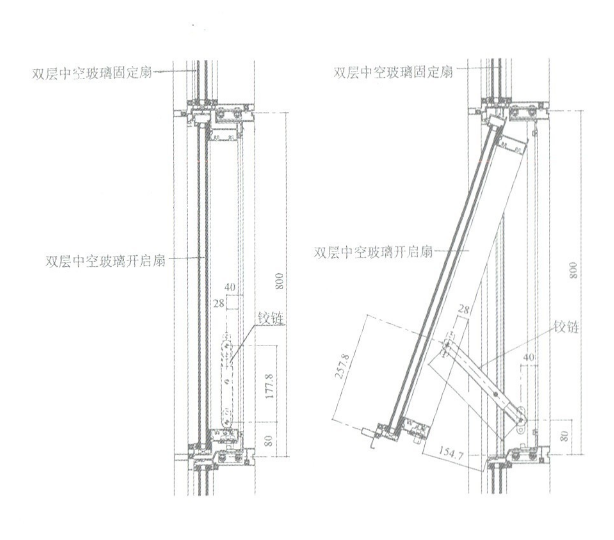

→ 10

→ 9

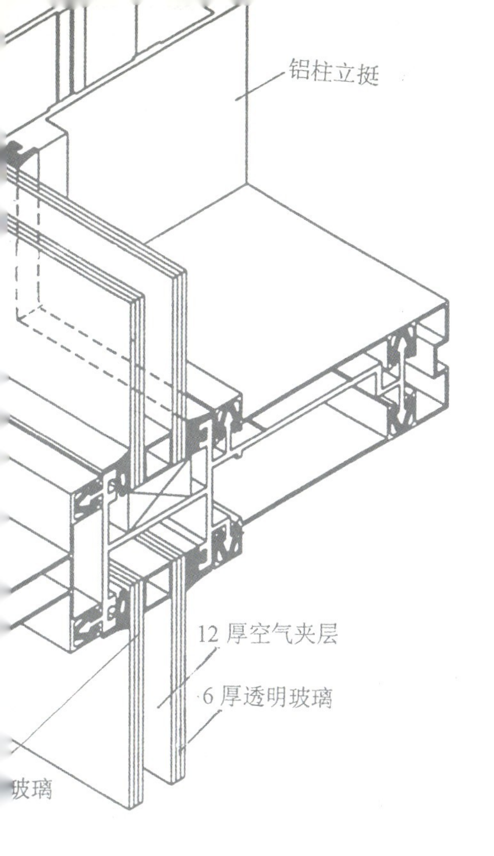

→12

充分的利用（图7）。

4．玻璃屋顶

玻璃屋顶的大型铝合金骨架，由放射形工字钢梁来支撑。玻璃顶的找坡，依靠焊在次钢梁的竖向方形套管的高低来调节，同时，套管作为支点支撑玻璃天窗的铝合金横梁骨架，在此骨架上连接支撑玻璃的铝合金横框（在玻璃的短方向），为了美观与防水的目的在横框上做了铝扣板。沿玻璃的长方向，在铝合金框与玻璃之间打密封胶。

另外，玻璃屋顶下部的放射状结构钢梁，为了有力地表现结构技术美，未做防火喷漆，只是喷了同整栋建筑色调一致的银灰色金属漆，但相应地采取了防火措施 在钢梁的上部布置了喷洒头，一旦有火灾发生，水可以从上部迅速喷到梁上，保护主体结构钢梁。这样，随着阳光的不断变化，轻巧的工字钢梁的落影投射在玻璃幕墙上和地面上，光影交织，变化丰富，颇耐人寻味（图8、图9）。

5．玻璃雨罩

支撑主入口玻璃雨罩的是14根棱形工字钢梁，通过14根拉杆悬挂在抗风柱上，拉杆两端为铰接。在棱型钢梁的垂直方向上焊接5根工字钢，再将角钢焊接在工字钢上，并与镶嵌玻璃的铝框用螺栓连接。玻璃与铝合金框的连接方法同玻璃屋顶。

玻璃雨罩的排水通过棱形钢梁向其根部的槽形排水沟找坡，并在排水沟侧面预留排水口，雨水通过室内吊顶的排水管排出（图12）。

优美的曲线，律动的空间

——清华大学游泳跳水馆点支式玻璃幕墙设计

■ 庄惟敏　叶菁

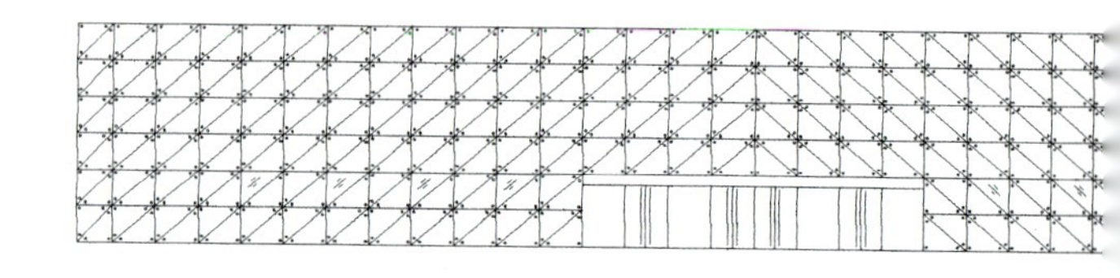

→1

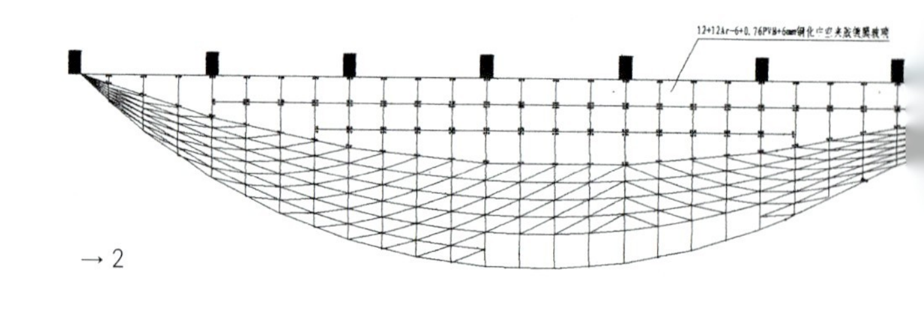

→2

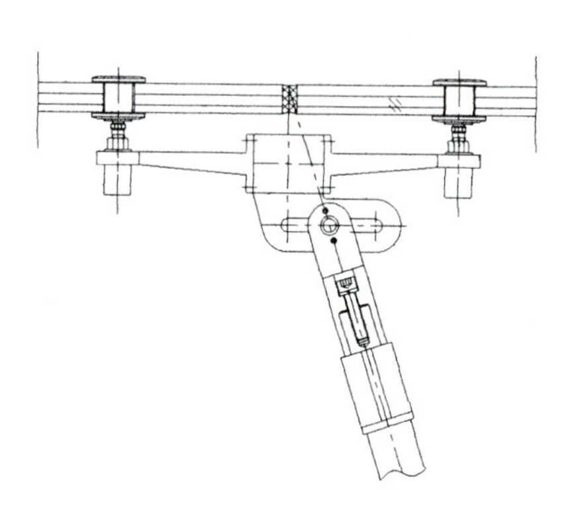

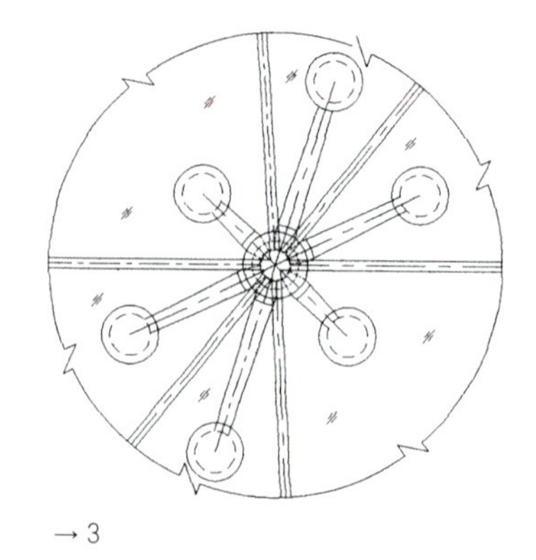

→3

注：节点图由珠海市晶艺特种玻璃工程集团提供。

在美丽的清华园的东北侧，有一组全新的体育建筑于清华大学建校九十周年之际矗立了起来，这就是清华大学综合体育中心和游泳跳水馆，而游泳跳水馆又以它独特的点支式玻璃幕墙的造型令人瞩目。

游泳跳水馆位于体育场馆区北端，由中部一条东西向道路自然分为南北两块。南侧主要为游泳跳水馆和球类练习馆建设用地，与东大操场及体育中心形成一个半围合的体育中心。南侧用地以游泳跳水馆和球类练习馆为主，主立面和主入口向南。南侧为前广场，解决人流集散和停车问题。两馆中间为开敞公共绿地，绿地中设有花架和小品并可联系两馆的使用。公共绿地可将前广场与用地北侧室外训练场相连，便于人流活动。

游泳跳水馆内设有50mX25m标准的游泳池，25mX25m的10m跳台跳水池和热身池，是目前国内高校中设备最完备、条件最好的游泳跳水专业训练比赛馆之一，可进行国际和国内的跳水比赛及训练与教学，设有国内一流的陆上训练场地。比赛大厅可容纳1000个座席，并设有运动员休息、贵宾室等辅助用房，平时对外开放，可同时容纳300人游泳。

考虑到作为高校的游泳跳水馆，其集教学、训练、健身、比赛为一体的特定使用特征决定了该馆的设计应以实用为主，即尽量扩大比赛和训练场地，而附属空间如前厅、休息厅等则在满足使用的前提下作到经济合理和高效。所以我们在进行该馆的平面和空间设计时将比赛大厅尽量做得宽敞，满足游泳和跳水比赛的要求，而在二层比赛大厅的南侧以一条双曲线勾画出前厅休息厅，平面设计紧凑，空间变化而富有生气。也就是这条双曲线使我们产生了利用玻璃幕墙造型的冲动。强调自身的动感与变化，以优美的曲线，律动的空间，喻示游泳跳水项目的内在精神和特征。

众所周知，玻璃是建筑最重要的造型元素之一，它的通透、光影、曲面、折反射和流动等特性无不使建筑师心驰神往。许多建筑大师都以玻璃精美绝伦的造型闻名于世。玻璃在建筑中的运用更是由于近年来点支式玻璃技术的研究和推广，为建筑师在建筑的造型上提供了更广阔的创作天地。

我们得益于施工安装公司在技术上的支持，使我们在清华大学游泳馆的设计中做了一些尝试。首先该馆前厅休息厅的玻璃幕墙是双曲面的，这在同类项目的设计、施工和建造中是有相当的难度的，在国内也不多见。通常的矩形点式玻璃由于无法达到四点不共面的要求，根本无法构筑出一个舒展、飘逸、富于变化的有感染力的空间造型。我们在设计中将传统矩形的玻璃单元，沿对角线一分为二，形成两个三角形单元体，既解决了四点不共面的问题，使双曲面得以平滑舒展，又增加了玻璃幕墙的肌理感，不锈钢支点也由于三角单元而由原来的四爪变为六爪，使大片的幕墙看上去更有细部，详见细部节点图。

建造完成的双曲面点支式玻璃幕墙，造型舒展奔放，寓意雄鹰展翅，又像是游泳运动员划击的水中波浪，与主体建筑巧妙结合，衬托出这一游泳跳水馆独特的个性和鲜明的形象。

清华大学游泳跳水馆曾作为2001年世界大学生运动会跳水比赛的主场馆，大运会的第一块金牌就在这里产生，它已成为中国大学生走向世界的一个出发点。同时该馆由于作为奥运金牌教练于芬为指导的清华大学跳水队的训练基地，而成为令人瞩目的体育和艺术的殿堂。

→（图1）门厅玻璃立面
→（图2）门厅玻璃平面图
→（图3）节点详图

银幕背后——中国电影博物馆设计方案简介

■ 中国电影博物馆联合设计组

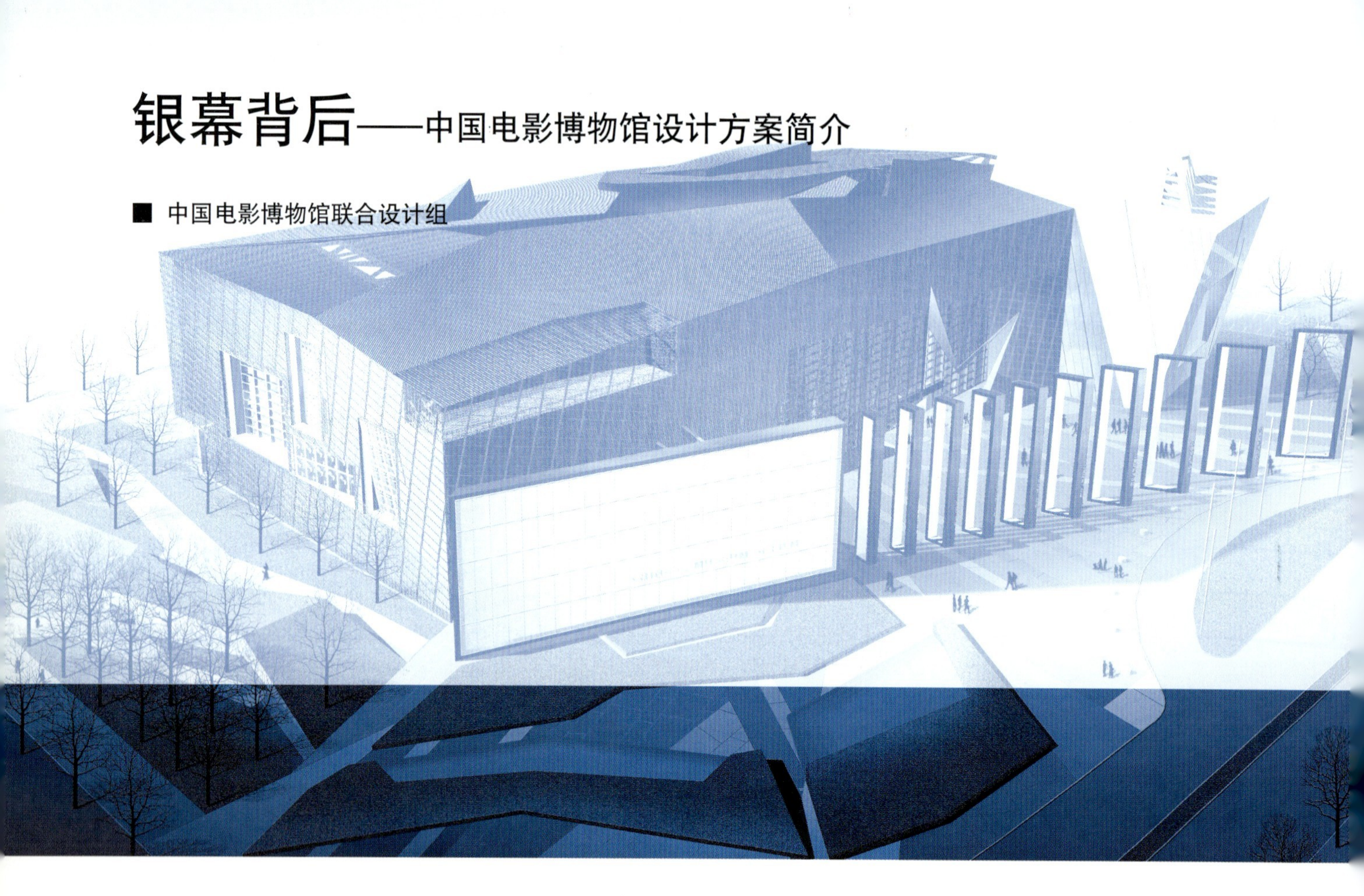

缘起

建设中国电影博物馆最早缘于新中国第一任总理周恩来1958年提出的构想，光阴荏苒，几起几落，始终未能付诸实施。在21世纪的第一年，它终于再一次走进人们的视线。2001年，随着中国北京申奥成功，在“人文奥运”的大背景下，北京加速建设了一大批重要的文化设施，中国电影博物馆也随之进入了正式实施的阶段。2002年初，由美国RTKL国际有限公司和北京建筑设计研究院合作设计的方案在中国电影博物馆建筑设计国际招标中胜出，并成为最终的实施方案。

概述

中国电影博物馆是为了配合2005年中国电影的百年庆典和2008年北京奥运会而兴建的国家重点工程，选址在北京市朝阳区南皋乡环行铁路试验基地，即规划建设中的北京影视城内。占地3万m^2，建筑面积3.7万m^2，高度31m，地上四层，地下一层，是一个集电影博览、展示、交流、文化庆典为一体的电影文化中心，也是影视城内第一个标志性建筑。电影博物馆中包括电影放映区和展陈区。

构思

设计方案始终围绕着“电影与建筑”这一有趣而富于启发性的话题展开，这一主题也使这一栋关于电影的建

→1

筑具有特殊的吸引力。在这里，两者的关系不仅仅是简单的叠加，而是在相互作用中演化成为一种综合而强化的体验。

艺术？娱乐？

电影艺术的大众性和娱乐性，是其他艺术门类所难以比拟的，因此电影的主体必然游走于严肃艺术与娱乐文化之间。以此为主题的专业文化建筑不可能回避这样一种基本特征。电影博物馆的建筑设计需要在文化性与娱乐性之间保持一种平衡。建筑设计开始自一系列通俗并富娱乐性的基本建筑语素，并最终衍生出艺术性和大众性交融的严肃作品。就如同一部影片的制作与欣赏过程，是一个综合手段的多层次操作，始自最直接和易于领悟的视觉特征，借此引发了观者的好奇与期待心理而深入展开，从而获得完整的心理体验。

虚拟？真实？

电影的基本特征之一是通过光与影进行动态的虚拟表现，这与建筑通过实体特征的表现似乎有很大的不同，但二者的艺术表现却同样长于光线的运用，在光影交织的变化中，建筑同样可以获得动感。然而，更重要的还不是这种表象的联系，而在于深植于现代文明之中并因新的表现方式和技术而强化的对于真实性的再认识。对于变化和可能性的接受程度已然逾越对于稳定性和经验的可靠性的心理需求。

总平面

电影博物馆的建筑基地现状为北京机场高速公路的一处平坦开阔地带，附近目前尚无相邻参照建筑。而根据北京影视城的总体规划，该区域的建设方向为混合型的影视主题娱乐中心。在这样一种特定的外部条件下，建筑采用了一种简明而直接的方式处理外部形式关系。大尺度的集中体量有助于在现有尺度开放和不确定的环境条件下明确肯定建筑及周围场所的存在，也有助于在未来建筑形式多样化的环境条件下肯定建筑的标志性地位。单一体量的、兼容并蓄的整体性也更符合电影艺术的综合性特征。

建筑的主入口设在北侧，面向区域主干道，南侧设第二入口，为连接影视城二期建设预留必要的接口，并和北侧的主入口一起，为参观者提供了“穿越”建筑的机会。同时，在南侧还布置了贵宾、后勤、货物的单独入口。西侧为绿化停车场。

外部形象

“Action!”

基地的形态和环境特征为建筑带来一个咔打板（Clapboard）的基本平面形态。这个电影摄制过程中的特殊器具已成为电影业的一个明确而传统的标志。它代表了电影产生过程的一个重要瞬间，同步协调着各部门的运作，同时又记载着最基本而重要的信息。这一形式的超尺度运用成为以大众化的符号形式进入建筑设计的开始，并为此定下基调。

“Going behind the big screen”

一道薄薄的银幕划分了现实与艺术世界，虚拟的影像牵动着好奇心，驱使人们探索银幕背后的奥秘，也由此引出了建筑设计的一个基本构想。

一道绵延的独立玻璃幕墙横亘在主体建筑之前，在平面上形如咔打板的活动杆件，又因材料及其形式感而具有动态和变幻的效果。投射其上的活动影像与灯光变化在与开阔空间尺度相匹配的巨型银幕形象上，以动态而略具娱乐性的视觉形式制造出直接的电影印象。玻璃屏幕延展变幻为一系列间距和角度渐变的框架片断，从机动车主要来向的街角望去，因透视角度而叠加成连续界面；而在正面则形成一系列缝隙，产生广场上的多处进入点，取代通常的单一通道，借此暗示进入电影欣赏经历的多种可能方式。

独立的银幕墙体增加了博物馆前空间的一个层次，为多功能的半室外广场提供了自然的屏障。成为进入博物馆入口的缓冲地带。

建筑外观

建筑设计赋予这座建筑两极化的尺度特征。一方面是大方有力且具纪念性的概括体量；另一方面，多种穿孔图案装饰铝板的组合带来了丰富的装饰性细部。

"A Black Box"

建筑呈现一个黑盒子的外观，影射电影的制作与表现过程。"黑盒子"使用了多种星形穿孔图案的波形金属板构成的外层结构，将一个封闭坚实的体量转化为一层空灵扩张的表皮。在建立室内外联系的同时，制造一种由内向外的渗透的神秘感。星形图案的穿孔带来装饰性效果，在保持整体性和现代感的同时，脱离了廉价工业产品的定式，在细节中悄然建立起与波普艺术的联系，再次暗示建筑的大众艺术成分。

"The Green"

建筑外部的一个重要特征是自然状态与人工秩序之间的错综表现。爬藤攀附于外墙体穿孔表层及封闭内层之间，向上向外生长，为静止的建筑带来随季节和岁月变化而蔓延成长的活力。

"The Filters"

相应于电影艺术的非现实性，所有建筑内外的沟通，都通过屏避、过滤及遮挡等手段以间接方式完成，并由此构成其立面的特征。

内部空间

在外部环境中对视觉效果的强调随着观众被引入博物馆，逐渐淡出而转化为空间的体验。

"Montage/Long Shot"

电影和建筑均有一个线性展开的过程，但具有各自的空间向度特征，同时在主体的自主性上存在差异。蒙太奇、长镜头终究受限于二维空间的本质，而建筑体验似乎更能体现其真意。全方位的建筑体验为主体提供和预留了更多的选择机会和可能性。建筑体验具有的连续性经过刻意的中断、重叠和嫁接重组

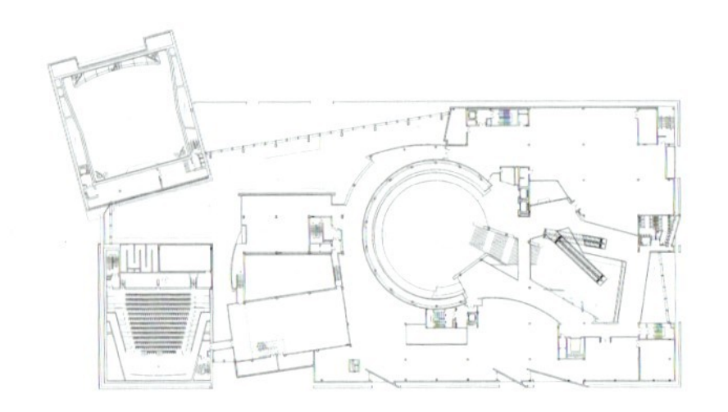

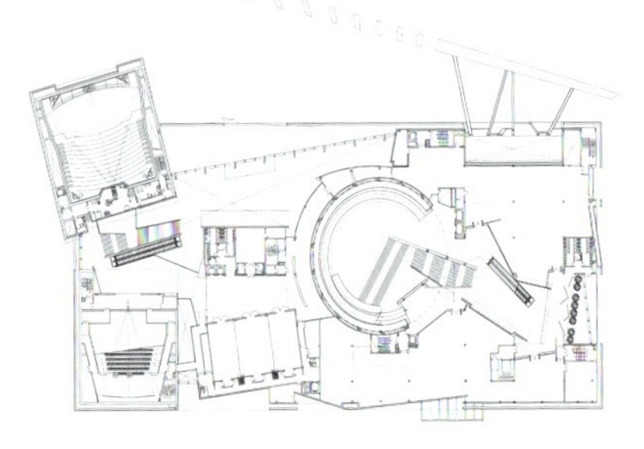

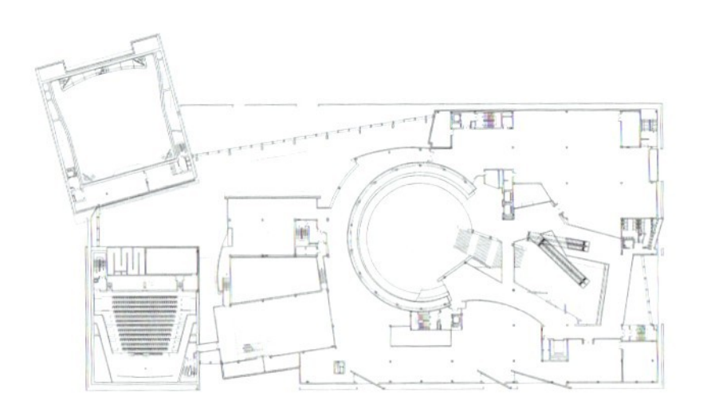

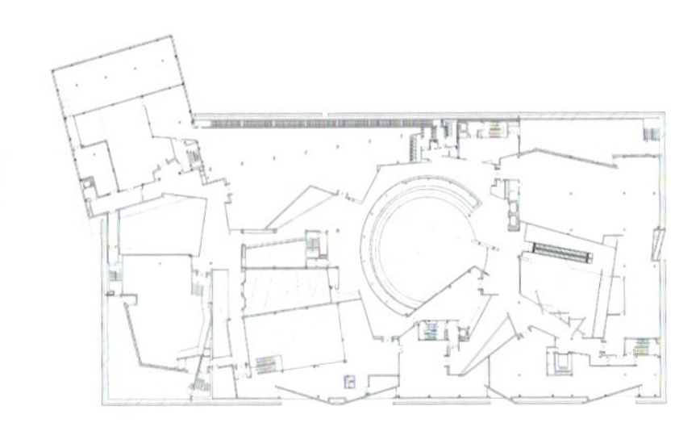

→2

→（图1）北立面图
→（图2）一至四层平面
→（图3）剖面图

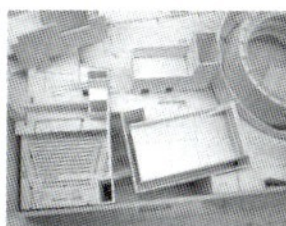

得到极大的丰富和拓展。在这一点上，古老的中国园林建筑艺术与电影经验有着很多相似之处。这一观点被引入并指导了博物馆的内部空间。各展示项目或主题以相对独立的建筑方式置于空间之中。不同的功能区域间的交叉互动可使参观者获得远较传统形式更为立体、宏观和真切的感受，并具有更大的主导性。

建筑功能

相对于多样化的建筑空间和形式体验，建筑功能布局尽可能简明高效。

中国电影博物馆包括电影放映区、展陈区两大部分。放映区设有IMAX巨幕影院、400座影院、多功能影院等，独立分布于建筑西侧部分一至三层，环境相对安静，形态更少受到约束并更具自由发展空间。展陈部分位于建筑的重要部分，为自身及周边空间定下基调。展陈区分为临时展览、中国电影发展史和电影博览区三个部分，鉴于临时主题展览对于现代博物馆的重要性，将其置于建筑首层空间最为完整，交通最为便捷的位置。中国电影发展史分布于建筑东侧二至三层，电影博览区在建筑四层。

与一般博物馆功能布局有所不同的是，在两大功能区之外，一个集人流集散、售票、观赏、购物、餐饮为一体的综合区域也被放在了建筑的重要位置。它既为两大功能区提供了必要的联系，同时更重要的是，参观者不需购票，就能参与馆内的多项活动，创造了一种城市生活的氛围，也使电影博物馆与未来的影视城整体构想更紧密的联系在一起。

"Backlot"

电影博览部分占据建筑顶层，以一系列独立式建筑或建筑片段的松散组合构成了类似于中国园林及电影的外景场地的空间形态。不同于电影历史展厅的布局方式，技术博览部分避免遵从某种特定的线性序列或等级秩序，强调电影制作的团队特点。

RTKL 国际有限公司 刘晓光

北京市建筑设计研究院 柯蕾、徐聪艺、孙勃、董晓煜、耿大治

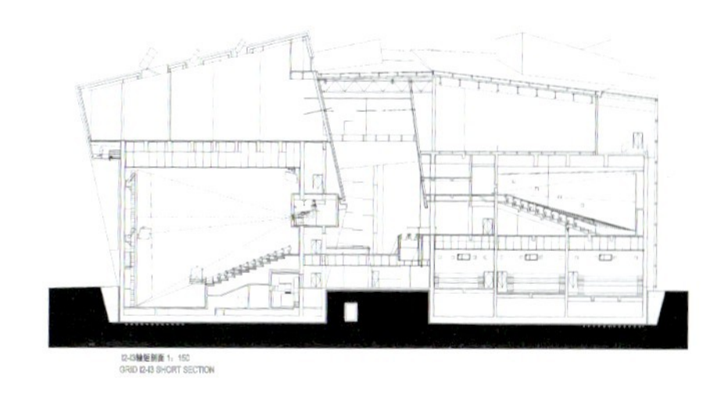
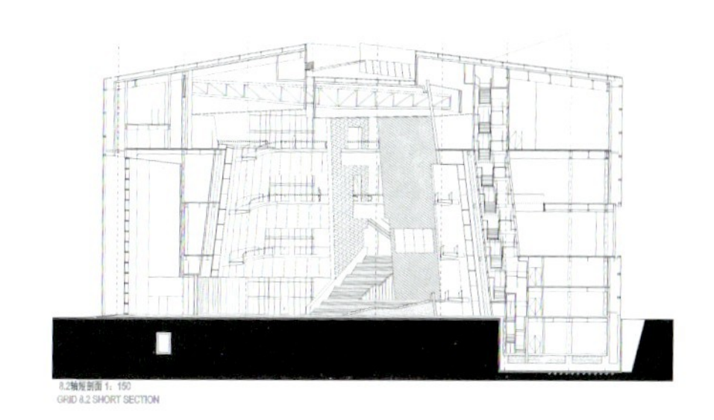
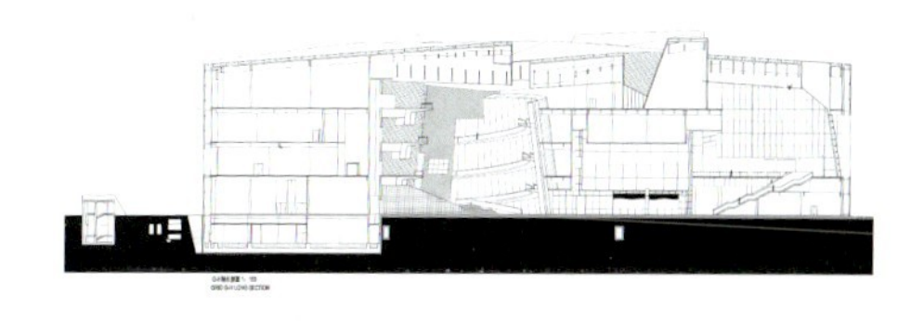

→ 3

首都博物馆新馆

■ 崔恺　崔海东

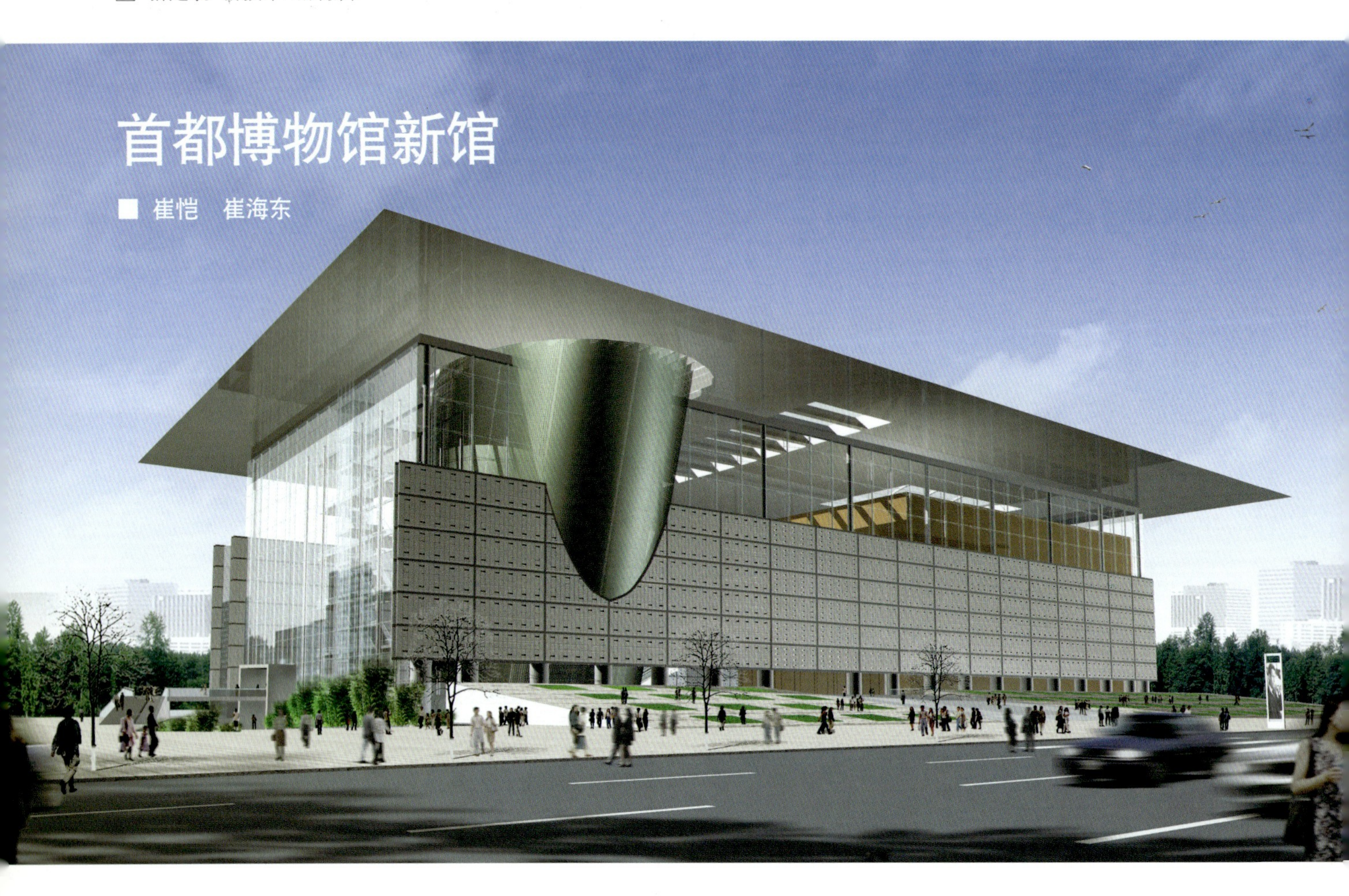

→ 1

一、工程概况

1. 本工程位于北京市复兴门外大街与白云路交叉口西南角，东临白云路，南侧、西侧为区间路，北临复兴门外大街。规划建设用地面积 24133.7m²，总建筑面积 63897.5m²，地上 5 层、地下 2 层。工程性质为大型综合性博物馆建筑，主要功能分为展陈区、社会教育区、业务科研区、行政办公区、藏品库区、安全保卫区、地下车库区和设备区。其中地上各层和地下一层南区为展陈、社教、科研、办公、安保、综合服务等功能区，地下一层北区及地下二层为汽车库、藏品库、设备机房、人防等功能区。

2. 设计标准：
建筑类别：一类高层建筑
建筑耐久年限：一级（100 年以上）
建筑耐火等级：一级
抗震设防烈度：8 度设防、9 度构造
结构类型：框架剪力墙结合钢屋盖

3. 主要技术经济指标：
①规划建设用地面积：24133.7m²
②总建筑面积：63390m²　其中：地上 31815m²，地下 31575m²
③容积率：1.32

④建筑高度（檐口）：36.40m
⑤建筑层数：地上5层，地下2层
⑥停车数量：机动车282辆，自行车664辆

4．主要设计人员：
外方（方案、初设）：法国AREP建筑设计公司
中方（方案、初设、施工图）：中国建筑设计研究院

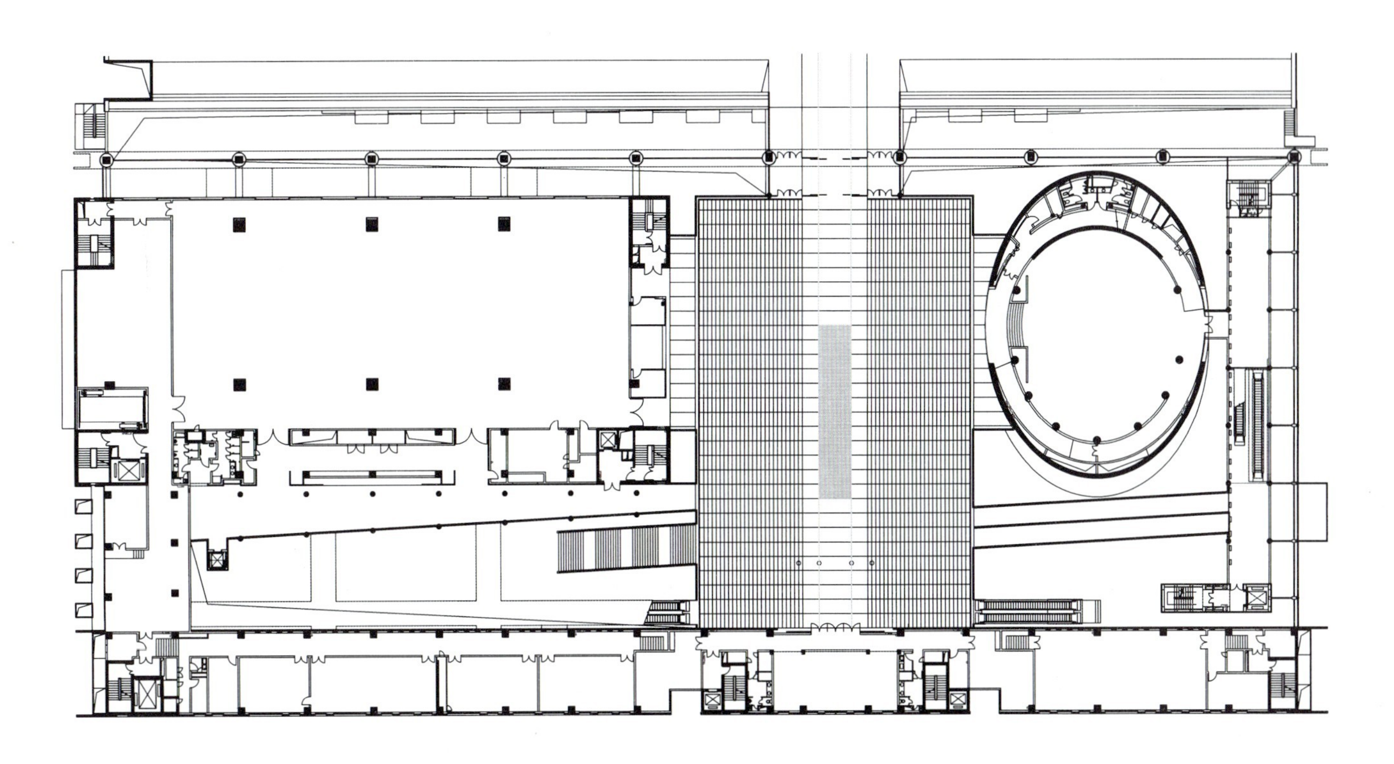

→2

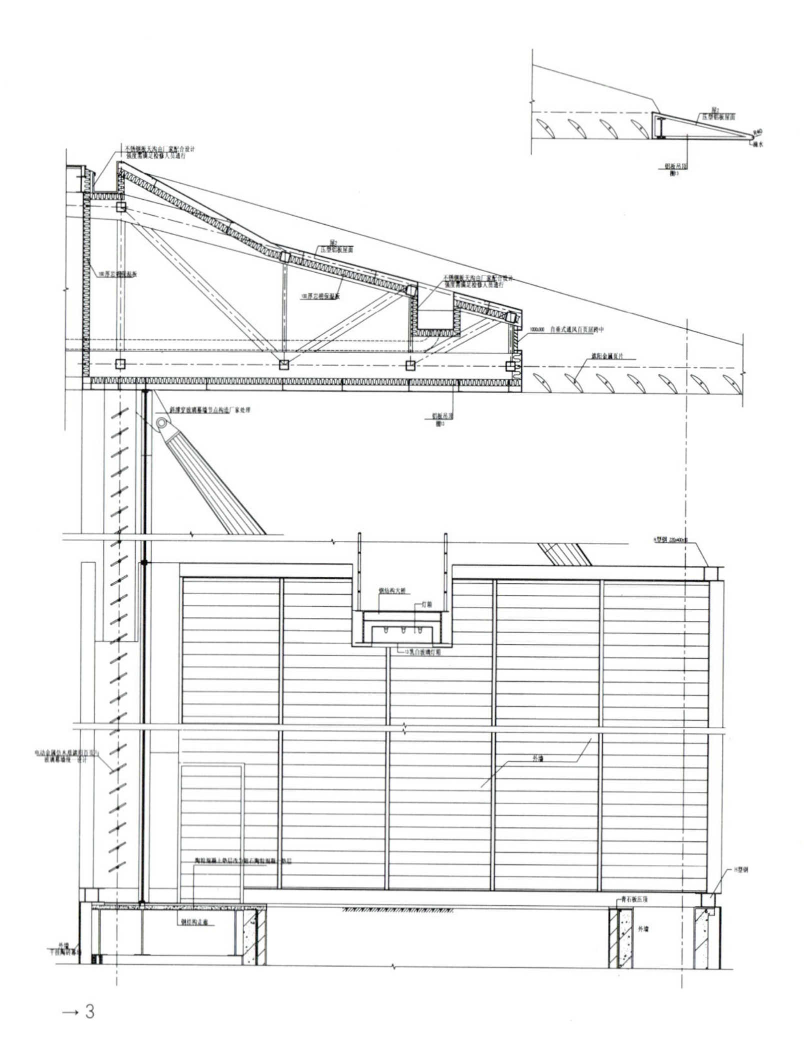

→3

二、设计思想

首都博物馆新馆作为北京新世纪的重要文化建筑，它将完美体现首都特色——政治、文化和国际交流中心，突显国际大都市的地位；它将集中反映历史特色——古都千年的建城史和历代王朝传袭的灿烂民族文化；它将充分展示时代特色——科学的进步、技术的发展、观念的更新、现代人类文化的成就将在这里留下足迹；它将特别具有人文特色——不仅尊古，也要厚今，成为一个独具特色的旅游景点和群众喜爱的文化休闲教育场所。

建筑造型基于功能的逻辑、空间的逻辑和文化的逻辑，最终归于建造的逻辑。功能的逻辑源自于不同功能区的划分；空间的逻辑源自于公共空间的穿插、衔接和渗透；文化的逻辑源自于对历史和未来的描绘、传统材料与现代材料的并置。青铜、木材、砖石等传统材料代表北京悠久的历史，先进的建筑构造技术表现新北京的现代化、国际化。

→（图1）剖面图
→（图2）首层平面图
→（图3～图6）节点详图

→ 4

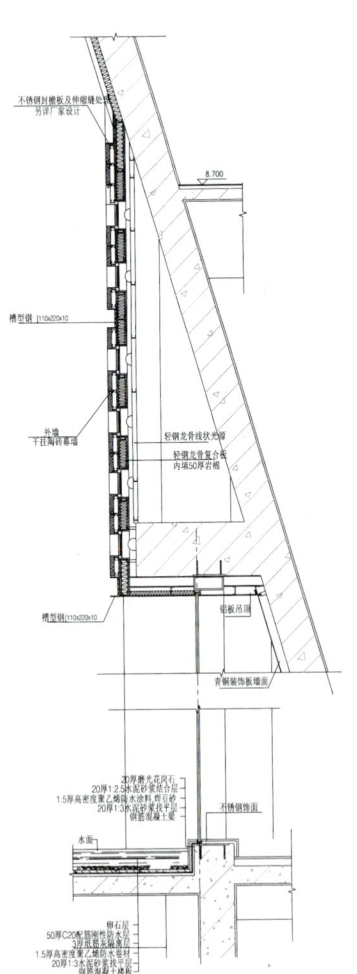
不锈钢封檐板及伸缩缝处理
另详厂家设计
8.700
槽型钢 [110x220x10
外墙
干挂陶砖幕墙
轻钢龙骨线状光源
轻钢龙骨复合板
内填50厚岩棉
槽型钢 [110x220x10
铝板吊顶
青铜装饰板墙面
20厚磨光花岗石
20厚1:2.5水泥砂浆结合层
1.5厚高密度聚乙烯防水涂料,焊豆砂
20厚1:3水泥砂浆找平层
钢筋混凝土梁
不锈钢饰面
水面
卵石层
50厚C20配筋刚性防水层
3厚纸筋灰隔离层
1.5厚高密度聚乙烯防水卷材
20厚1:3水泥砂浆找平层
钢筋混凝土楼板

→ 5

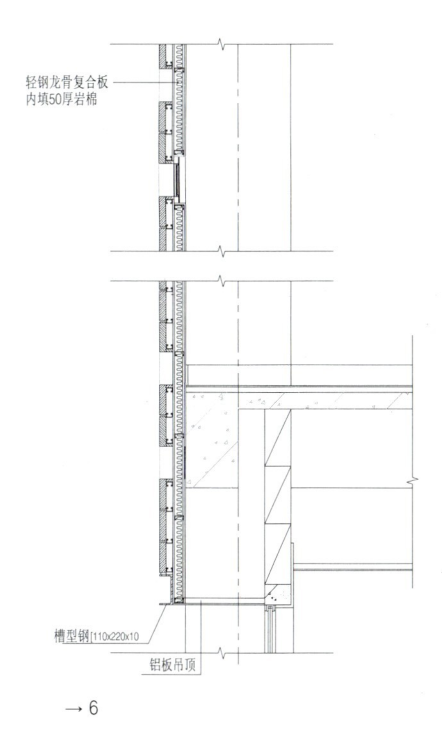

→ 6

设计一大特色是将景观空间引入了博物馆：阳光大厅、四季竹院、水景庭园，打破了传统博物馆空间封闭、沉闷的感觉，为广大市民营造了开放、温馨、明亮的文化环境。下沉竹园延伸至室内，观众进入展厅前必先穿越其上空，园林绿化与文物展厅之间的时空交错，表现出独特的东方艺术魅力。各层展厅外的休息平台和观景电梯，都成为观赏下沉竹园的绝佳场所；在地下一层，竹园更可以作为古代雕塑展厅，与开放区域的观众活动相结合，成为北京最美妙的室内休闲空间之一。

设计另一空间特色就是倾斜的椭圆展厅和它外围的坡道，形成独特的展陈效果。人们顺坡道而下，可以向内观赏展厅内部的文物，也可以向外观赏公共空间的景致。从休息平台看过去，隐隐约约看到坡道上行走的人影，是一种有趣的东方意境。

第三处景观是位于礼仪大厅中轴线南侧10m标高的室外空中花园，平台上种植四季色彩变化的枫树或黄栌等本地树种，在阳光的照射下显现出优美的姿态，传达四季节气的转换。

第四处景观是方展厅5层的空中四合院，安排北京古建筑和民俗展览，再现老北京生活场景，也可作为茶室为观众服务。

阳光是设计构思的素材之一：清晨，太阳缓缓升起，最先照亮大厅东侧和椭圆筒体；向南逐渐移动，使光景在室内各个界面上游荡，傍晚，夕阳把最后的一抹金黄染在木制展厅和中庭之上。

夜间照明设想分组控制，将不同的形体在不同的时间段照亮，好似上演一幕耐人寻味的城市剧目。

采用屋顶太阳能电池板作为室内部分照明的清洁能源；采用微灌技术作为室内外绿化灌溉的节水措施；采用虹吸式雨水排水系统解决大跨度平屋面的排水问题；采用智能化管理和安防系统达到节能、安全的目的，提高首博新馆的科技含量。

城市别墅

■ 齐欣

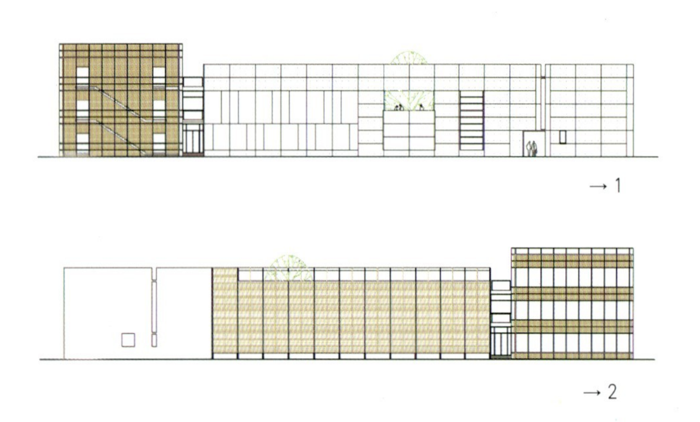

→1

→2

"城市别墅"，位于天津市河西区郁江道33号，地处梅江居住区以北，是目前距天津市区中心最近的纯别墅居住区，交通和生活都十分方便。

整个项目由天津开发区亚资置业有限公司开发，由德国wsp负责整个社区的规划和设计工作。负责城市别墅的设计师们引入了欧洲先进的设计理念和规划思路，使得城市别墅在规划和设计上相对于天津目前的市场状态具有绝对的超前性。因而，成为天津市别墅项目中的一个亮点。而齐欣先生负责设计的城市别墅业主会所又是整个社区的重头戏。

整个会所建筑分为两个部分。一部分是城市别墅物业管理中心的办公地点，它采用钢结构全透明玻璃外檐，包围着以130年树龄金丝柚木板材为外饰面的框架结构建筑主体。不同楼层之间通过玻璃外檐与木饰面墙体之间的单跑楼梯连接。钢结构全玻璃外檐简洁明快，具有强烈的现代感，金丝柚木饰面透过玻璃显露出细腻的纹路，豪放与婉约巧妙结合，给人美妙的视觉享受。

另一部分才是城市别墅业主的一个休闲会所。齐欣在设计这个会所的时候，认为因为会所是沿河的景观建筑，所以，就希望能够用自然一些的材料来做外檐。经过多方比较和选择，最后选定用耐候钢作为会所外檐的主要材料。

耐候钢的原理是，两层冷轧钢板中间以一层防氧化夹膜隔开，不论外界如何变化，都不会使钢板锈透而影响使用和美观。它的优点在于，使用寿命长，而且外形颇具特色，能够体现出西方后现代建筑风格。虽然不会锈透，但耐候钢的表层还是普通的冷轧钢板，一样会发生氧化反应。于是，能够看到会所的外檐随着时间和季节的变化，慢慢变成红色，甚至黑色。当这层氧化反应遇到风化影响，红色锈会一点点地被吹打剥落，又露出金属质感的灰色。再继续氧

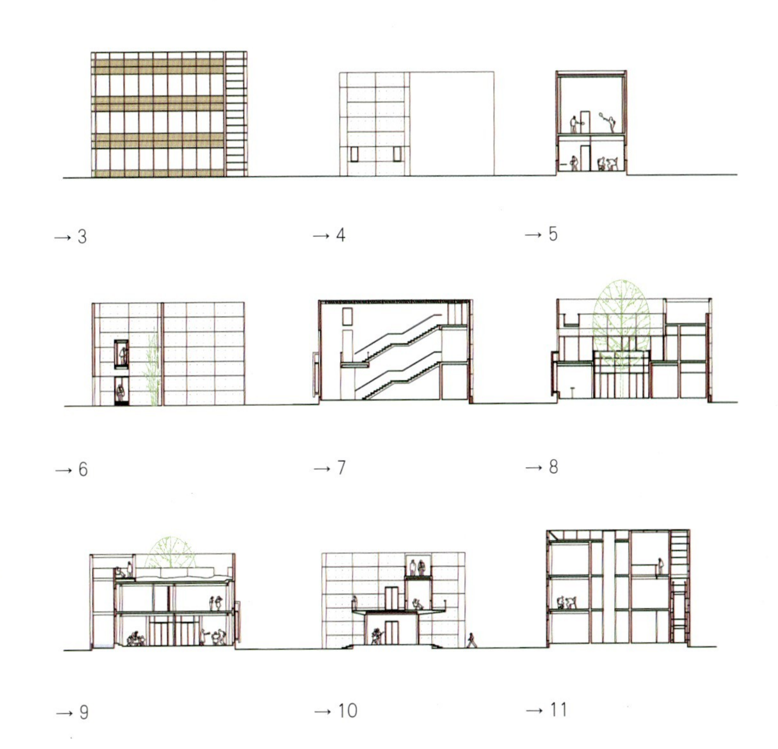

→3 →4 →5

→6 →7 →8

→9 →10 →11

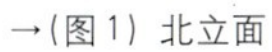

→(图1) 北立面
→(图2) 南立面
→(图3) 东立面
→(图4) 西立面
→(图5~图11) 剖面图
→(图12) 首层平面
→(图13) 二层平面
→(图14) 三层平面
→(图15) 屋顶平面
→(图16、图17) 剖面图

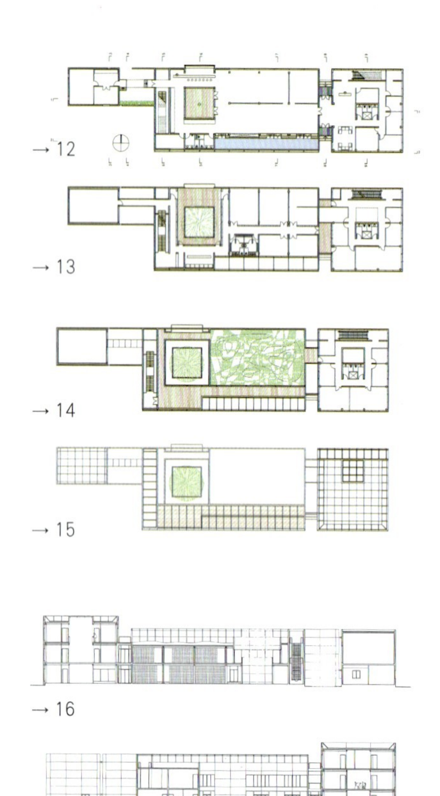
→12
→13
→14
→15
→16
→17

化。这样的物理反应和化学反应，会在会所沿河的墙壁上无声无息的反复上演，直到经历100年，这种表演也不会结束。

来到会所门前，门上方NO.33镂空门牌格外醒目。迎门是一组不锈钢的金属雕塑，与锈钢的背景墙搭配，富有强烈的现代气息。

会所内部景观是以一棵成年白蜡树为视觉中心展开的。三面落地玻璃窗围合的中庭里，一棵本地原生的白蜡，它早于会所几十年就在此居住了。从会所的每一层，每一个角落都可以看到这株“珍贵”白蜡。

会所的一层将来会成为一个星级的咖啡厅，现在一层现有的装修风格是由法籍意大利设计师法布里奥·德·莱瓦设计。原本方方正正的室内空间通过设计师的精心布置，变得富于空间变换，而且帷幔与灯光的搭配使得会所内具有强烈的神秘气息。众多的艺术元素，让这里可以称的上是天津市最好的格调会所。

通过砂岩铺就的楼梯上到会所二层。二层露天部分依旧是以白蜡树为视觉中心，通过观景窗还可以欣赏复兴河的春色，坐在围绕白蜡树布置休息露台上，上有树冠下有中厅，外面是复兴河绿化公园，景色无限。二层室内部分将来会有高档的健身房和美容中心供业主使用。在会所的另一端通过一个空中的走廊，来到会所二层的另一高大的房间，目前房间的使用功能还没有确定。

会所顶部是一个露天空中高尔夫推杆练习场，整个场地不是很大，却将休闲与风景巧妙融合。那棵白蜡树的树冠在这里得到舒展，回头望去小区风景尽收眼底。

整个外檐不锈钢与玻璃搭配的设计方式，将金属的历史感和现代感表现得淋漓尽致。会所内部通过巧妙设计和器具的布置又使得室内具有美妙的空间感觉。辅助会所的功能得到充分的发挥。

TEDA 天桥及下沉广场

——天津经济技术开发区中心区局部城市设计

■ 焦毅强

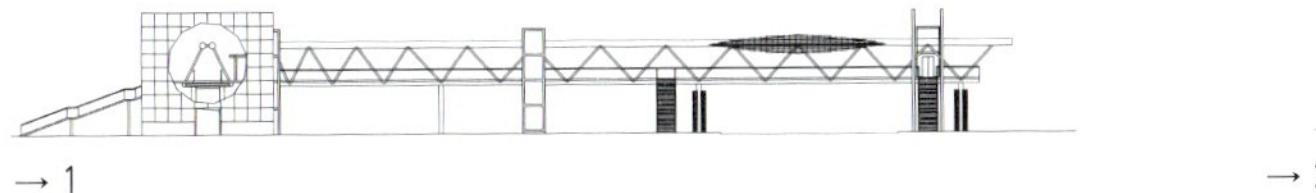

→ 1

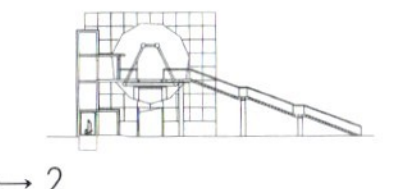

→ 2

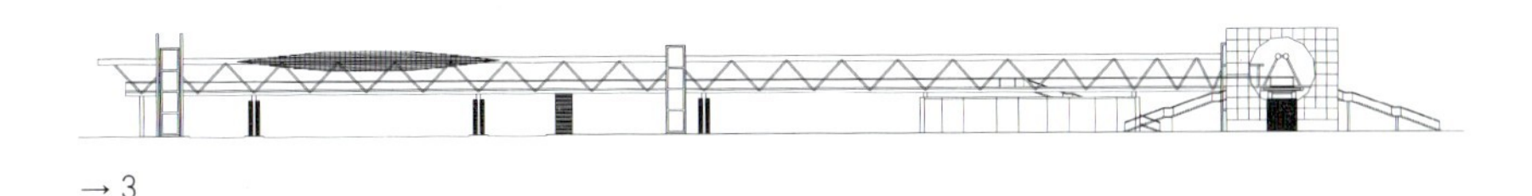

→ 3

天津经济技术开发区是我国第一批对外开放的窗口，在近二十年中它的经济和城市建设均已取得了长足的发展，不但成为天津市著名的卫星城，而且在整个华北地区也卓现重要。在这种城市功能日益完备和生活需求不断增长的背景下，公共设施和城市建设面临着更高的要求。

本设计为天津经济技术开发区中心地区的一个小型的城市设计，包括一座连接两座重要建筑物的“L”形人行过街天桥及天桥和道路之间的城市广场。因为天津经济技术开发区简称“TEDA”，此天桥称为“TEDA 天桥”。

天桥跨越了第三大街和南海路，并同这两条道路一起围合了一个矩形的广场，广场东、北面向道路，西、南依傍天桥。第三街是开发区的主要道路，周围新建筑林立，开发区政府的行政中心和文化中心也在附近，南海路是联通开发区和津京塘高速路的主干道，车辆川流不息。

TEDA 天桥总长 217m，桥面宽 3m，桥下净高 5m，围合广场面积 $6405m^2$。

设计的主导思路从城市设计着手，首要是和道路、周围建筑的关系以及自身各部分如何构成和谐整体。同时还要满足以下设计要求：

1. 过街天桥的功能性要求——路面车行和桥上人行。

2. 提高天桥本身在城市中的景观作用，使其成为开发区城市公共设施的景观亮点。

3. 广场提供市民公共活动场所。

这个设计与城市的关系像一个篇章中清晰的字节，设计的处理很放松地、直接地表达了这种关系——一是作为连接体及城市图底关系中的背景，二是作为城市景观，城市因之更加完整而生动。

设计中的两个要素——天桥与广场一线一面，一个临空而过，一个下沉铺开。建筑手法统一，且考虑组合形象，重点着墨之处是从天桥桥面垂下的瀑布，构成广场西、南的水幕。

具体的设计都是围绕这些原则做的。

一.TEDA 天桥

TEDA天桥跨越两条主要干道，保障桥下路面车辆通畅，为市民和北侧邻近的小学学生提供安全、便捷的人行通道，并在南侧与在建的商业建筑连通。设计满足天桥人行的功能要求并不难，设计的重点是在城市中的景观作用。桥的形象是现代的，流畅而富有力度。为表现出建筑的力度和动感，设计将结构形式升华为建筑的手法，将表达结构的感染力作为重点。

天桥包括两个部分，一部分是桥的结构载体，桥体采用空间连续桁架体系，断面为三角形，桥梁的上、下弦杆及腹杆均采用圆管型截面，为加强力度，其中上弦杆采用大直径钢管。上、下弦杆及腹杆之间的连接，以及水平联杆与上、下弦杆之间的联接，均采用杆件直接交汇焊接，不设节点板，以体现空间桁架桥的整体线条。下部桥墩由间距28m的钢管组合而成。设计希望强调结构表现力，于是将桥的结构经过形象上的提炼变形，演化为充满活力的、顺畅的连续载体，形成一个有力度的线型构成。

另一个部分是桥的附着体，包括桥内的人行道、电梯和顶部遮阳构件等。它们担负着实际的功能职责，与人紧密接触，满足人的使用要求。它应是舒适、亲切的，与桥身结构线形体的力度与动感形成对比，同时又与结构线形体交叉互动组成桥的整体形象。

桥内人行道由底板和两侧栏杆的组合而成，充分利用了桁架内的结构空间，强化与结构的穿插效果。栏杆考虑了成人、儿童和残疾人的不同要求，设置了不同高度的扶手。为了保障桥面上的物品不落失桥下，在人扶手的栏杆外侧设置了钢化玻璃栏板。为了减少风压，玻璃栏板是间隔的。栏板的玻璃与主体的钢铁两种工业化的材料充满现代感。桥墩的主体用色为深沉大方并且时尚的深海蓝，人行道桥则选择了更亮丽些的浅灰色。

由电梯和楼梯共同组成垂直交通系统也是重要的形象要素，它们是组合在线性、水平性构图中的竖向要素，主要包括在东端将玻璃观光电梯和楼梯组合在一起方形“影壁”，由穿孔铝板与玻璃围合而成，桥从其正中的圆洞穿过，动感跃然而出，并隐喻了行走中“迎向太阳”的浪漫情调。

另一个独立玻璃观光电梯在桥的中段，是桥面垂下的瀑布墙的起点，在广场的景观中扮演重要的角色。桥上间断地覆盖着弧面的遮阳板，为桥的形象增加了轻盈飘浮的弯曲形体，透过穿孔铝板光影柔和地漫射在桥面上。

二. 下沉广场

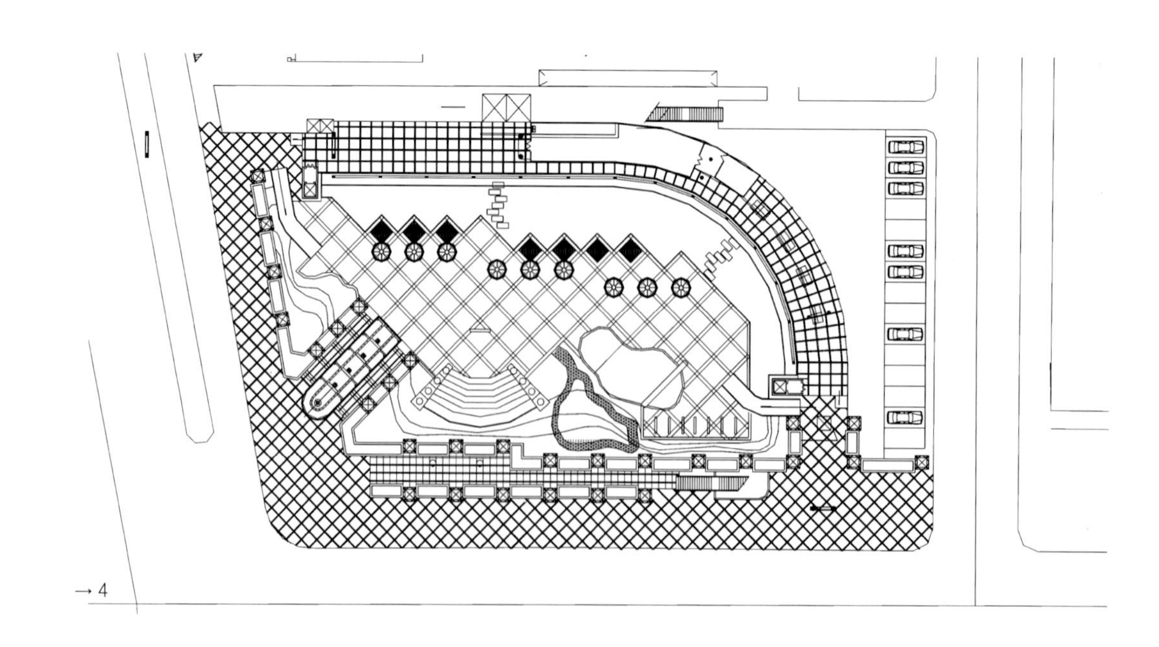

→（图1）西立面
→（图2）剖面
→（图3）南立面
→（图4）总平面

在这样一个面积不大的广场中要做出特点，突出主题的设计事半功倍，用一个较为单纯的手法，将其推到一定的力度，能起到更好的作用。开发区位于海滨，考虑到人的亲水性，同时民俗有龙卧池底一说，因此广场下沉并以水景为主题。桥面垂下轻漫的瀑布和桥体的刚硬形成对比，并将天桥与广场轻松地连接在一起，水帘、水声以及溅起的水花更是广场中生动的景观。通过适当安排建筑小品和绿化设施，创造了一个可供休闲、娱乐、锻炼和聚会的开放性城市空间。

广场由以下部分组成：

1.水池及瀑布区：靠近天桥占据主要位置，满足了各角度的景观需要，设计自由轻盈，和天桥浑然一体。瀑布分为三个层次，采用大水流与平时水流景观组合，水流大小及方向均可控制，水流可上喷、可直泻，也可沿墙流淌，为防止风中水流的肆意飘动，瀑布后设透明玻璃墙。瀑布跌在池壁台阶上泻入水池，水池边缘矩尺平面隐喻着自然的岸边，两道踏步桥深入瀑布，引诱着人们一探水帘后的洞天。

下沉广场入口处设有一组小叠水与大瀑布相呼应，叠水连续而下，中间有四个浮雕字T、E、D、A，做为项目的名称标记。

2.绿化区：绿化区分为两个层次，沿广场西南种植几何剪切的植物，配以四时鲜花。在东北桥的外侧种植较为高大的植物，可防风寒，也做为整个广场的视线底景。其中穿插有穿孔钢板制做的深海蓝色花盘，与天桥在材料、色彩、构造方面协调呼应。它们将天桥的工业化格调稍稍带入广场，但小巧通透的体形、圆形的轮廓、遮掩在绿化畔的位置令其更显得亲切与活泼，充满人性，在它们干净内敛的深蓝色的映衬下，鲜花、草地、绿树显得更加葱郁新鲜。

3.人的活动区：室外活动分为三个区域，地面均由花岗岩拼花组成。休息区静卧在水边，以观水景为主；沿南侧为运动区，布置健身活动设施；中间为活动区，小露天演出场可开展不同的群众文艺活动。活动区与绿化区相互交错，绿地中的小径延伸了人活动的范围，尽可能在局限的面积内创造出丰富——形象丰富之外人的活动的丰富。

室内的功能安排很少，主要在桥下布置有室内咖啡厅，并延伸出室外的咖啡廊，东侧为乒乓球活动廊，考虑了北方天气不同季节的使用要求。沿公路布置有电话亭，桥下布置有书报亭、治安亭，桥北留有活动厕位用地。

TEDA 天桥及下沉广场的夜晚照明利用灯光效果，区分主次，突出整体性，创造出夜间的迷人景色。

参加设计人员：默力，张振学，张志江

珠江峻景会所室内设计

■ 何樾

→1

建筑规模：4278m²

使用性质：具有会客、餐饮、美发、花房、健身功能的会所

设计背景：开发商来自南方的珠江地域，要求将企业文化、南国风情品质溶于北方风土人情之中，并着力体现大都市生活的时尚性与多样性，表现其企业精神文化与社会背景的融和，打造地产品牌。

设计条件：建筑设计提供了较为理想的建筑空间，很欣慰不是一个新建筑的改造项目。

功能设置：

地下室：游泳池、桑拿健身。

一层：大堂、大堂吧、茶室、热带植物观赏室、美容美发。

二层：中餐大厅及包间。

三层：健身、游戏、视听展览。

设计定位：为小区服务的会所，引导人们的健康生活情趣，营造大家庭的空间氛围。也使城市人在社区生活中能感受到大自然的拥吻。在完成此项设计任务之初，设计师通过对项目背景因素的分析，为会所的室内设计选定了“清新、自然、精致而浪漫”的泛夏威夷风格来表现。而对夏威夷风格的准确把握则得益于设计师在夏威夷的实地考查与研究。

风格上的独竖一帜和交融性（南方与北方、中式与西式、人文气质与自然气质），材料上的有形和逼真性，使设计目的得以实现。

当人们走进12m高的共享大厅时，他们则被引入一片奇境。这种奇境是独特的室内设计风格，精心编排的室内空间、变幻的灯光与巧妙搭配的材质所产生的，而会所转变成一个舞台使人们在此能展现各自的生活旋律。

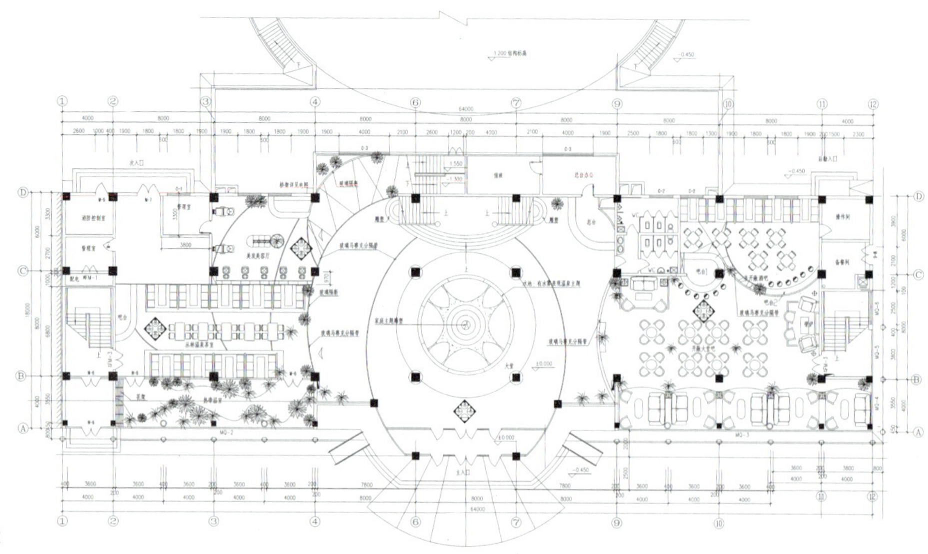

→2

→3

主要色彩：主要三种色彩，米黄色、铜绿色、深棕色，比例为7：2：1，洋溢着旺盛的生命活力。
主要材料：与米黄色、铜绿色、深棕色相对应的材料使用为：银线米黄、铁艺肌理漆、着色胡桃木。

一层大厅以中央12m高共享空间为中心，柱身楼层栏板，壁炉、采光顶和谐统一为一个整体。中央椰树造型装置与三口之家雕塑，展示出会所“和谐大家庭”的主题。首层部分包括有大堂、大堂吧、丛林温泉茶室与美容美发厅。在整个室内空间的设计中开发商要求空间具有可变性，以满足不同时期的不同需求，因此设计师在平面布局上区域功能分区明确，但无建筑界限。共享大厅的设计成为各层空间纵横联系的纽带，也是整体风格的集中体现。造型上模仿夏威夷海滨的椰树，体现其生态性。服务台背台的芭蕉叶造型（铜绿），楼梯两侧的滕蔓造型（铜绿）都具有较强的象征意义，使其成为一种符号印入人们的心里。立柱的铜绿造型与灯具相结合，贯通始终，使人们感觉到有一股强劲的生命力在向上生长，将人们的目光引向了“蓝天”（蓝色马赛克）与“白云”（采光顶）之间，视觉感受高大而深远。吊顶部分采取了新古典主义的风格，配以金色特种油漆，使人们感到被尊重与肯定。大堂中心的主题雕塑仿佛是一棵参天的大树，又仿佛是夏威夷海滩边的篝火，引人无尽联想。三口之家的形象则强调了浓厚的生活氛围。在材质与色彩的搭配上，使夏威夷风格进一步得到展

→（图1）大堂
→（图2）首层平面
→（图3）会所大堂吧
→（图4）地下一层平面布置图
→（图5）健身中心

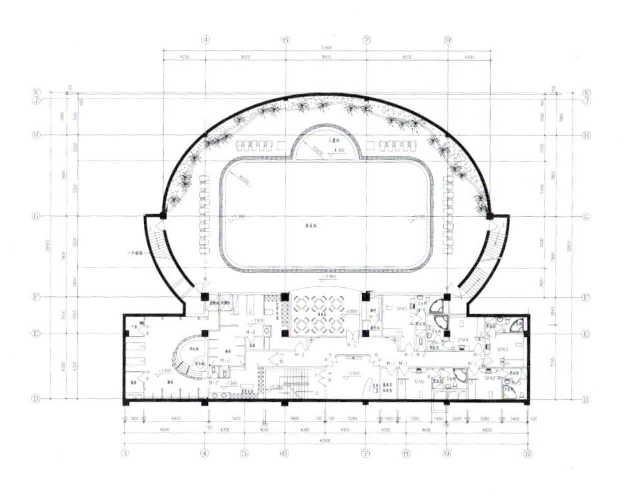
→4

→5

现。米黄系列与铜绿色的搭配仿佛一股自然清新的海风扑面而来。钢、木、玻璃的结构传达着时尚与高科技的信息，金色特种漆则是尊贵与成就的象征。在整个空间里人们感受着阳光（金色特种漆）、沙滩（沙岩）、蓝天（蓝色马赛克）、白云（采光顶）、海浪（玻璃）与植物（木与铜绿）所带来的怡人环境。

大堂吧的顶棚与地面是大堂部分的延伸，使空间与整体风格得到延续，但又因其更为古典休闲的气氛使空间得到界定。大堂吧墙面与立柱的处理简洁中体现出古典风格的华美，加上吊顶处理，使其新古典主义风格更为明显，而吊灯的形式则在夏威夷风格中流露出大量的中国古典元素，使空间的整体设计趋近于国际化，且有一定的商务性，使空间的功能更具多样性与灵活性。

美容美发厅具有人性化的空间设计与家具陈设，均为满足人们的使用需求而制定。美发区的镜子前与洗头区的上方均设有电视供顾客观看，镜子间的多层格板则方便美发师使用。中间的休息区在植物映衬下遐意舒适，以木制条板隔出的美容区也使人置身于自然的怀抱。在整体的设计风格中突出竖向的韵律感，使空间更加整洁明快，同时也突出了细节处理的质朴与幽雅。

为使工程在施工完成后能达到设计师要求的效果，在材料与技术的运用上同样是新颖而先进的。以大堂部分为例，设计师倾向于材料的质感和色彩的细腻表现，并运用新的材料，新的技术追求，新的质感和肌理。大堂中间的钢、木、玻璃装置运用高技术的手法，以钢骨架为基本结构，在钢架外挂木制表层，再以曲面的点式玻璃包附在骨架外。其里布置有电脑控制的彩色灯光，为空间提供了丰富绚丽而又瞬间变幻的色彩，渲染出高格调的文化氛围。装置下的地面采用了特种玻璃马赛克组成海面的效果，在灯光的作用下产生水面的波动感。

沙岩的表面质感粗砺中带有浓浓的地域特点，在空间中的运用极好的反映了夏威夷的特色，通过表面氧化产生的铜绿色效果，色彩上表面质感与沙岩石材搭配得十分协调。

吊顶上的特种油漆对传统的油漆工艺进行了大量的改进，使油漆所能表达的色彩与材感得到了极大的伸展。

地下一层的游泳池则体现了一种温婉动人的自然情怀。四周墙面的壁画把人们带入到热带丛林中，游泳池就成为

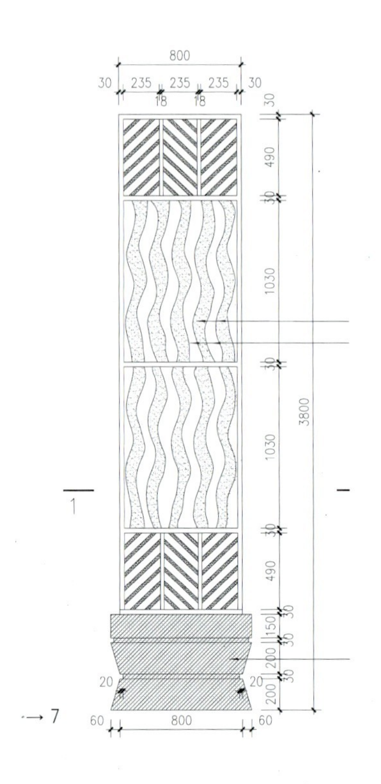

→ 7

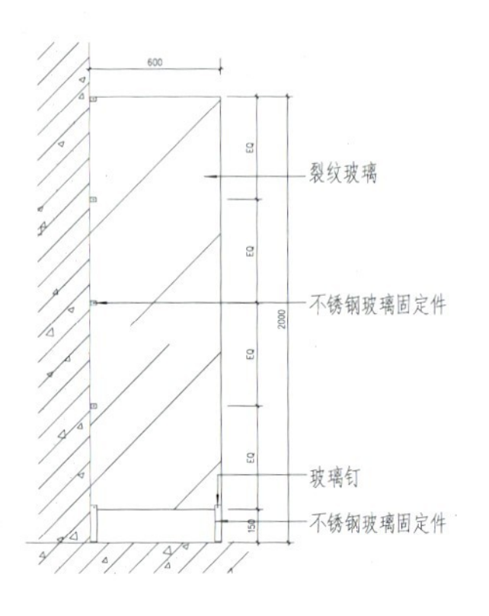

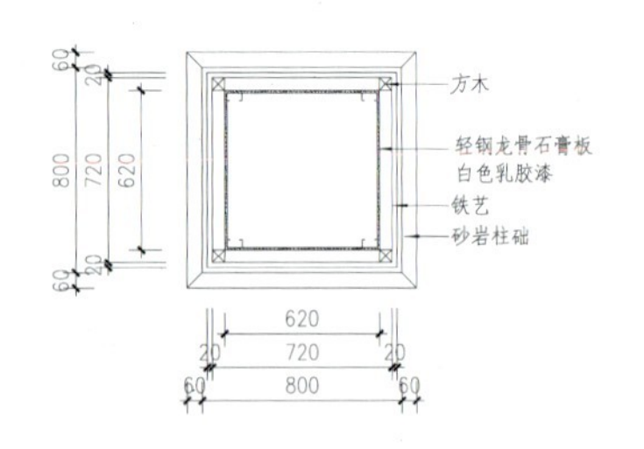

→ 8

美容美发

→ 6

→ 9

→ 10

了丛林里绿树环抱下的一潭清泉。铜绿色的立柱仿佛是长满青苔的远古文化遗迹，充满神秘感，立柱上的图案细节流露着优雅的人文气息。池边的碎石沙滩使空间更具有自然气息而且可防止滑倒，加上丛生的灌木，生机盎然。紧接碎石地面的木制平台成为休息区，通过材质变化进行了空间的界定。吊顶的处理因为空间没有自然采光，因此使用蓝色的彩绘顶营造室外的明媚阳光感，垂挂的彩色雕塑使人们想起夏威夷岛上色彩斑斓的鸟类羽毛，同时也联想起绚丽的夏威夷服饰。

二层的平面布局同时考虑到其可变性，一条S形的曲线将休息区（兼作展览）与中餐厅联系在一起，使空间完整而连贯。中餐厅里的设计反映出中式的新古典风格，墙面造型应用了大堂的植物符号，而木制条板的设计则来自中式花窗的形式，提示出空间性质的特殊性。透光的短柱廊是对整个会所空间中的欧式元素进行呼应。吊灯的设计更是中式、欧式、自然风格的相互融合。

三层的功能分区较多，但大部分在满足功能需求的同时采取了开敞或半隔断的形式。其中健身区的布局就采取了较为活动的半隔断与开敞相结合的形式。其风格想要表达的是一种有着较强地域特点的充满生命活力的空间，墙面的巨幅壁画表现的是夏威夷的风土人情，色彩跳跃充满活力，橡胶地面的动感拼图使这一主题得到强调。尽端墙面的处理模仿着跑道，带来极强的动感。吊顶粗大的木制梁与铜绿固定件，再加上作为吊顶装饰的冲浪板将夏威夷这一主题表达得更加完整。

→（图6）美容美发
→（图7）游泳池装饰性详图
→（图8）淋浴玻璃隔断详图
→（图9）游泳池
→（图10）中餐厅

单层平面正交网索点支式玻璃幕墙过载保护及张力控制

■ 罗 忆　石永久　刘忠伟

摘要： 本文针对采用正交网索支承体系的点支式玻璃幕墙；论述了一种专用的过载保护装置，分析了张力控制原理，对于推广和应用网索支承的点支式玻璃幕墙提供了技术保障。

关键词： 正交网索 点支式玻璃幕墙 过载保护 张力控制

Abstract: This paper presents and analyses a new type of overloading prevention device that can be used in prestressed cable net for point fixed glass curtain wall. This new system can efficient protect the main structures and curtain walls in case of extreme loading conditions.

Key words: cable net; point fixed glass curtain wall; over load prevention; tension control

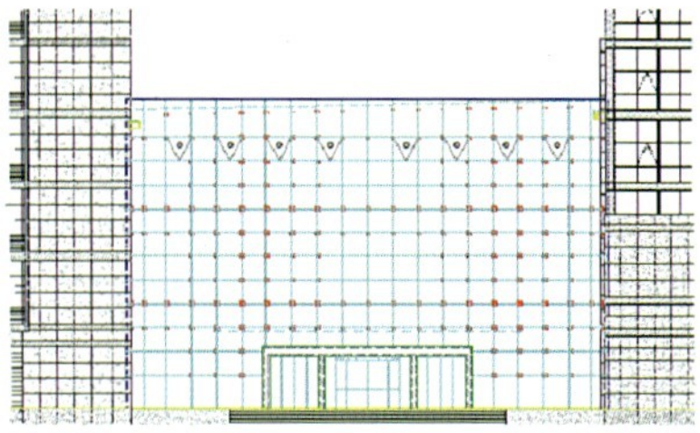

→1

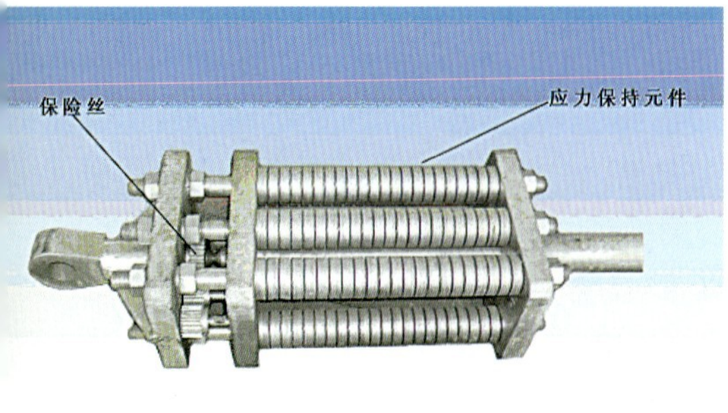

→2

北京土城电话局信息港四季中庭点支式玻璃幕墙和国家计算机网络与信息安全管理中心四季中庭点支式玻璃幕墙，采用了单层平面正交预应力网索作为玻璃幕墙的结构支承系统。本结构体系的特点是柔性大，变形大、结构轻盈，几乎无视线遮挡，这种结构系统非常先进，目前世界上仅有德国慕尼黑Kinpansky酒店、德国的Bad Neustadt 大厦和新加坡的Tampines中心工程中成功采用。

单层平面正交网索体系是柔性的张拉结构，在没有施加预应力之前没有刚度，其形状也是不确定的，必须通过施加适当的预应力赋予其一定的形状，才成为能承受外荷载的结构。本工程的结构立面见图1。图中两端高楼彼此独立，相互之间无固定连接，中部为四季中庭点支式玻璃幕墙。图中的竖向钢索除承受玻璃幕墙的自重和竖向地震荷载之外，还承受部分风荷载。图中的横向索主要承受风荷载和水平地震荷载。设计时，保证钢索在风荷载和自重作用下拉力不超过设计允许值，但钢索在中震和大震情况下内力可能很大，使得玻璃幕墙在水平方向上产生很大的位移。由于两端高楼之间无连接，地震时两端高楼可能同时向外移动，即发生相离位移，横向索将承受非常大的拉力。如果将横向索拉断，玻璃幕墙将发生整体崩溃。为了避免发生这种情况，在玻璃幕墙的横向索两端需要安装过载保护装置。

过载保护器的构造

过载保护器外观见图2，工作原理见图3，每根横向拉索的两端各安装一个过载保护器。在过载保护器中，连接杆，也称谓保险丝和应力保持装置是核心部件。

过载保护器工作原理

1.原理综述

过载保护器的作用是为了避免结构及钢索在拉力过大的情况下发生破断或将过大的拉力传给索端的锚固结构。假设保险丝的破断拉力为F_0，且低于钢索的破断拉力，在正常工作状态下，钢索中的拉力低于F_0，此时拉索头与结构间的连接为直接连接，连接杆称为保险丝，应力保持装置不起作用，如图3所示。当地震造成索端锚固结构发生相离位移时，拉索的拉力增大，当达到F_0时，保险丝被拉断，启动应力保持装置，从而释放作用在结构上的拉力，索的内力降至小于初始预拉力状态。假设△L为经过计算的拉索极限的变形量，以保险丝拉断为分界点，把应力保持装置工作状态分为两个阶段。第一阶段即索拉力达到F_0时，保险丝拉断的瞬间，应力保持装置启动，拉索总长度延长，索拉力开始释放，并与应力保持装置内力平衡。第二阶段，主体结构继续位移，当达到大震时的位移值时（设计要求为3/1300H，H为玻璃幕墙的高度），应力保持装置合力不应超过F_0。在这一阶段中，应力保持装置被继续工作，但水平索的绝对长度增长不大，横向索内力增长较为缓慢，横向索作用于主体结构的拉力被控制在主体结构设计的允许范围内。这样既不会发生水平索被拉断，也不会对主体结构产生更大作用，避免发生整体破坏。

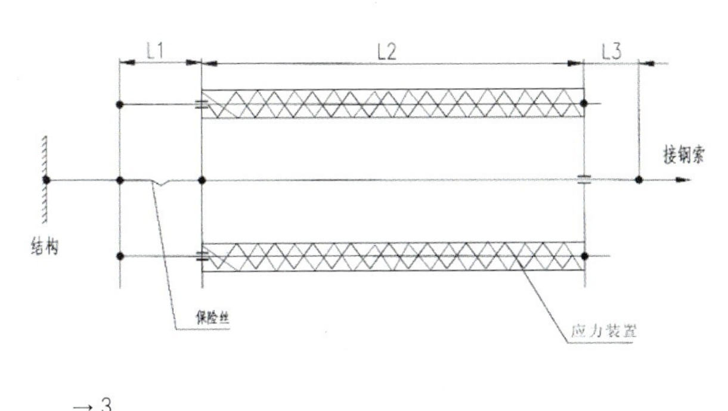

→3

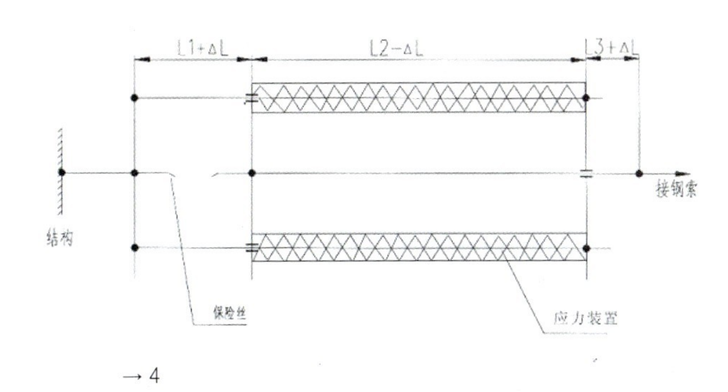

→4

→(图1) 结构立面图
→(图2) 过载保护器照片
→(图3) 正常工作状态
→(图4) 过载保护状态

2.计算分析

第一阶段：保险丝拉断，拉索回缩，拉索内力开始释放，拉断保险丝时的F_0为拉索控制内力。设$\triangle L_1$为变形量，K为总弹性系数，E为拉索的弹性模量，A为拉索的横断面面积，L为拉索原长，则

系统总压力：　$\triangle L_1 K$

拉索剩余内力：　$F_0 - 2\triangle L_1 EA/L$（两端各安装一个保护器）

拉索剩余内力与装置压力平衡：

$$F_0 - 2\triangle L_1 EA/L = \triangle L_1 K$$

等式简化得：

$$\triangle L_1 = F_0/(K+2EA/L) = LF_0/(LK+2EA) \quad (1)$$

第二阶段：主体结构继续发生相离位移，拉索内力、装置压力开始增大，拉索和两端应力装置视为串联在一起的弹簧共同受力。假设结构发生的继续位移量为$\triangle L_2$：

$$\triangle L_2 = \triangle L_{2K}(\text{变形量}) + \triangle L_{2C}(1/2\text{拉索伸长量}) \quad (2)$$

弹簧总压缩量：$\triangle L_1 + \triangle L_{2K}$

相对于F_0内力保险丝破断前的拉索长度，现在拉索的长度变化量：

$$2(\triangle L_{2C} - \triangle L_1)$$

第二阶段拉索内力与弹簧压力平衡：

$$(\triangle L_1 + \triangle L_{2K})K = F_0 + 2(\triangle L_{2C} - \triangle L_1)EA/L \quad (3)$$

为了保证在大震作用下结构相对位移时，装置内力不超过F_0。需要等式（3）左边结果小于F_0：

$$\text{即}\ \triangle L_{2C} < \triangle L_1 \quad (4)$$

等式(3)简化：$\triangle L_{2K} K = 2\triangle L_{2C}\ EA/L$

$$\text{或：}\triangle L_{2K} = 2\triangle L_{2C}\ EA/LK \quad (5)$$

将（5）式代入（2）式，得第二阶段拉索伸长量：

$$\triangle L_{2C} = \triangle L_2/(1+2EA/LK)$$

$$= LK\triangle L_2/(LK+2EA) \quad (6)$$

第二阶段装置变形量：

$$\triangle L_{2K} = 2\triangle L_2\ EA/(LK+2EA) \quad (7)$$

由（4）式得

$$LK\triangle L_2/(LK+2EA) < LF_0/(LK+2EA)$$

上式简化：$K<F_0/\triangle L_2$，式中$\triangle L_2$是拉索在结构发生最不利位移（本工程为3/1300H）时的极限伸长量，是一定值，因此只要K值略小于$F_0/\triangle L_2$，由于装置的保护作用，拉索中就不会产生大于F_0的拉力。装置可以通过自身的变形适应主体结构的相离移位，使拉索中的内力增长速度变得极为缓慢。

单层平面正交网索点支式玻璃幕墙是一项全新的技术，由于安装了过载保护器，极大的增加了其安全性。本文研发的这种保护装载为推广应用网索结构提供了可靠保障系统。

关于水源热泵空调系统应用的初步研究

■ 林 棚

一、热泵空调技术发展概述

1．热泵

用人工的方法将低温区的热量送到高温区，若转移热量是为获得低于环境的温度，此种方法称为“制冷”；若将低温区无用的热量移送到高温区成为有用的或用途更大的热量，此种方法称为“热泵”。按照新国际制冷词典（New International Dictionary of Refrigeration）的定义，热泵（Heat Pump）就是以冷凝器放出的热量来供热的制冷系统。事实上，从热力学或工作原理上说，热泵就是制冷机。

（1）发展历史

热泵的工作原理虽然与制冷原理相同，但热泵的发展却远不如制冷机顺利，因为人工制冷惟一依靠制冷机，而人工供热却有许多途径，而且他们往往比热泵更简单。因此在一段时间内，热泵的历史几乎是空白。

1852年汤姆逊（W·Thomson）教授在论文中指出：制冷机也可用于供热，他第一个提出了一个正式的热泵系统。1938～1939年在瑞士苏黎士议会大厦安装了欧洲第一个大型热泵采暖装置，压缩机用离心机，工质为R12，以河水为热源，输出热量达175KW。由此开始，热泵技术在欧美得到了发展。

二战以后，热泵技术得到了大力的发展，特别是世界能源危机的影响，使这种节能、高效制冷制热两用的机器不断受到人们的青睐。随着科技的进步。机型的不断改进，80年代以后，热泵已进入了它的成熟期，热泵产量不断增加。1988年，美国包括热泵在内的房间空调器和单元式空调机的年产量已分别达到463万台和321万台，至1996年单元式空调机年产量达567万台。而在日本，1986年各种热泵年产量为565万台，到1996年，房间空调器年产量达800万台，其中热泵型为700万台。

我国的热泵工业相对于世界上工业发达国家的热泵发展与应用来说，有一段明显的滞后期。1965年，原上海空调器厂研制成我国第一台热泵，但因换向阀的工作可靠性等原因，长期未有发展。从80年代起，我国热泵在空调上的应用才有了起步。改革开放以来，随着经济的飞速发展，人民生活水平的提高，住宅条件的改善等条件，大大促进了空调与热泵工业的发展。

热泵作为一种有效的节能产品，它不仅在工业农业应用上，更多的将在空调应用上在我国将发挥越来越重要的作用。

（2）热泵的分类

热泵制热是需要冷凝器的热量，蒸发器则从环境中取热，此时从环境取热的对象称为热源；相反制冷是需要蒸发器的热量，冷凝器则向环境排热，此时向环境排热的对象称为冷源。

按照冷热源分，可分为空气源热泵、水源热泵、地源热泵、太阳能热泵等。

利用空气作为冷热源的热泵，称之为空气源热泵。空气源热泵有着悠久的历史，而且其安装和使用都较为方便，应用广泛。但由于地区空气温度的差别，在我国典型应用范围是长江以南地区。在华北地区，冬季平均温度低于零摄氏度，空气源热泵不仅运行条件恶劣，稳定性差，而且因为存在结霜问题，效率低下。

地源热泵则是利用了地球表面浅层地热资源（通常小于400m深）作为冷热源。它不受地域、资源等限制，而且地

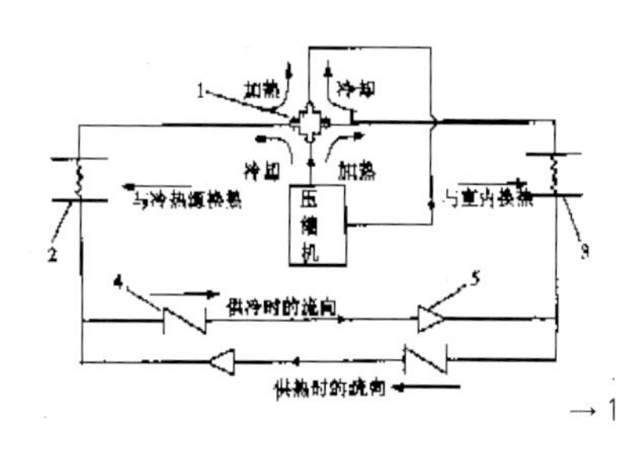

1——四通换向阀；2——冷凝、蒸发器；3——冷凝、蒸发器；4——节流装置；5——单向阀

→（图1）热泵供热供冷循环系统图
→（图2）制热工况
→（图3）制冷工况

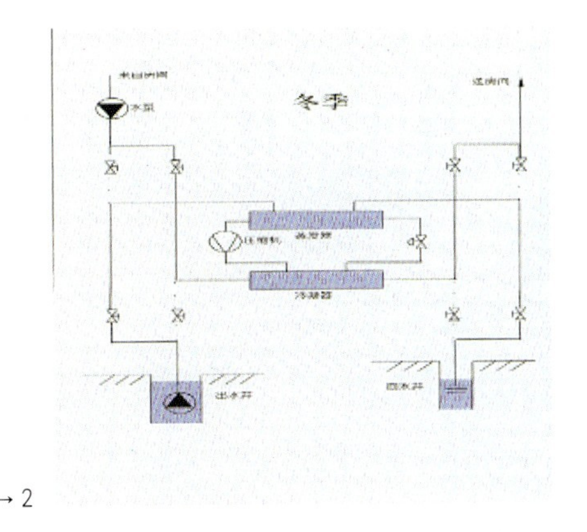

→2

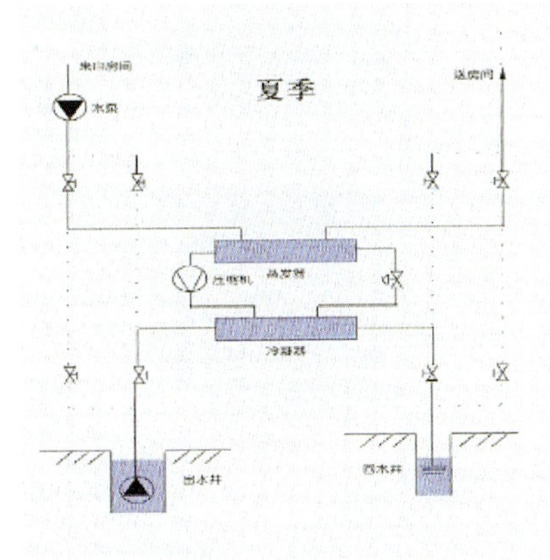

→3

源具有良好的热源特点。但地源热泵因为要将盘管深深埋在地下，所以安装费用比较昂贵，且占用土地资源，还可能造成土地大面积龟裂。

利用水作为冷热源的热泵，称之为水源热泵。水是一种优良的热源，其热容量大，传热性能好，冬季高于环境温度，夏季低于环境温度，是很好的热泵热源和空调冷源。一般水源热泵的制冷供热效率或能力高于空气源热泵。另外，一般水源四季温度相对比较稳定，使得热泵机组运行更可靠、稳定，也保证了系统的高效性和经济性。水源热泵水源可选用河水、湖水、地下水、地热水、工业废水等水源。

2. 水源热泵工作原理

从热力学原理来看，热量不能自动从低温区向高温区传递的。因此若要完成上述热量的移送，就必须加入一部分有用的能量，以帮助完成此过程。即

$$QH=QR+E$$

目前的热泵多为蒸气压缩式热泵，其工作原理和蒸气压缩式冷机原理基本相同。

压缩式制冷系统由压缩机、冷凝器、膨胀装置、蒸发器组成。工质在蒸发器内被冷却，与被冷却对象交换热量，吸收被冷却对象的热量并汽化，产生的低压蒸气被压缩机吸入，经压缩后排出高压蒸气。压缩过程需要消耗能量。排出的蒸气在冷凝器中被常温冷却介质冷却成高压液体，再经膨胀装置接流，变为低压、低温的湿蒸气进入蒸发器蒸发。如此周而复始，完成制冷循环。

进行制热循环只需要通过在原由系统上加装四通阀来控制改变工质在系统中的流动方向即可实现。其运行原理如图1所示。

下面以井水作为系统的冷热源为例，简要说明其系统的工作原理(图1、图3)。

制冷时，井水为机组的排热源，制冷剂在蒸发器内吸取户热蒸发，制取7℃冷水，送入房间使用，制冷剂再经压缩机压缩成高温高压的过热蒸汽，进入冷凝器，由井水带走热量并排至井中。

制热时，井水为吸热源，制冷剂在蒸发器内吸取井水的热量蒸发，回灌井内。制冷剂再经压缩机压缩成高温高压的过热蒸汽，进入冷凝器，加热循环水，制取45℃、50℃（最高可达65℃）的热水。

二、水源热泵空调的应用实例分析

望京花园东区国家为解决高校教师住房困难而投资建设的大型、现代化住宅小区。小区的整体规划、设计重点要求体现环保、人文两大主题，因此在具体的建筑单体设计过程中尽量靠近、体现这两大主题，并且在设备、技术的选择中充分考虑当前最新的一些成果和技术。在小区的整体规划中以9号楼最具有代表性。望京花园东区9号楼是国家为引进高层次归国留学人才而建设的高档公寓。因此在方案设计中便要求采用高标准的空调系统，并达到以下标准：

A.保证系统高效稳定地运行，满足制冷制热要求。

B.能够分户独立控制，满足住户的个体需求，较好解决计量收费问题。

C.具有合理低廉的全寿命费用，不仅一次性投资低，而且运行维护费用低廉。

D.有效节约能源，符合环保要求，响应国家可持续发展战略。

经过对当今空调系统的产品、技术较为深入的调研，反复比较论证，我们认为水源热泵空调技术比较而言具有较为突出的特点和优点，具体技术方案为选用水源热泵分户空调系统，即每户安装一台小型热泵机组，在楼外打取水和回灌井（两者可互用），利用相对恒温的地下水进行热交换，楼内设水泵房，将循环水送入各户热泵机组，达到分户制冷、供暖。经总结，系统的主要特点如下：

1. 显著的节能效果

由于水源热泵空调以利用自然水体中的能量为前提，而水作为热源的优点是质量热容大，传热性能好，传递一定量的热量所需水量少。地球表面浅层水源如深度在1000m以内的地下水、地表的河流和湖泊、海洋，吸收了太阳进入地球的相当的辐射能量，水源的温度一般都十分稳定，一般为10～25℃，热泵制冷、制热系数可达3.5～4.4。所以水源热泵机组具有比空气源热泵更高的效率，可降低电耗。

在制热方面热泵拥有大于1的制热系数，高于锅炉（电、燃料）供暖设备，对能量的利用远远优于其他方式的采暖

方式。锅炉供热只能将90%～98%的电能或70%～90%的燃料内能转化为热能，供住户使用。因此水源热泵要比电锅炉加热节省三分之二以上的电能，比燃料锅炉节省二分之一以上的能量。

在冬季，水源热泵机组可利用的水体温度为12～22℃。水体温度比环境空气温度高，所以热泵循环的蒸发温度提高，能效比也提高。而夏季水体温度为18～35℃，水体温度比环境空气温度低，所以制冷的冷凝温度降低，使得冷却效果好于风冷式和冷却塔式，机组效率提高。据美国环保署EPA估计，设计安装良好的水源热泵，平均来说可以节约用户30%～40%的供热制冷空调的运行费用。

2. 获得良好的建筑外观和室内空间，充分体现建筑师意图

在望京东区9号楼中，为满足分户控制、计量的要求，在空调系统的方案设计中，选用了分户式水源热泵空调产品，户内空调机组放置于厨房吊顶，每户室外取消了空调主机，这样就从根本上解决了目前家用分体空调机主机在外墙随意设置，破坏建筑外观的顽疾。

在室内由于水源热泵空调同时达到制冷制热要求，传统的热水暖气片系统取消，解决了室内空间，方便住户使用，并且通过合理设计空调风口，设置局部吊顶，可以增加室内高度，优化室内空间。

3. 低廉的运行费用

由于水源热泵空调技术具有良好的节能效果，因此在实际应用中与其他空调形式相比，运行费用低廉。以经过三冬两夏运行的辽阳邮电新村为例，冬季室外温度为－28℃，室内温度保持在16℃～23℃以上，冬季供暖120天，夏季制冷100天，水源热泵空调的年运行费用为20元/m^2左右。而经过测算，在同等条件下，用燃煤锅炉为25元/m^2；燃油锅炉为45元/m^2；电锅炉为80元/m^2；直燃式溴化锂机夏季为34.61元/m^2、冬季为45.26元/m^2；家用空调机夏季为28.8元/m^2、冬季为29.5元/m^2。对比表明，水源热泵具有较为低廉的运行费用。

4. 投资成本低，水源热泵较传统的中央空调系统经济

望京东区9号楼的水源热泵空调方案为分户式空调，空调主机布置于住户家中，因此与传统的中央空调相比，无需集中的制冷机房、锅炉房、空调箱房等空

间，减少了占地面积。并且水源热泵空调可以供暖、制冷，还可根据用户需要供应生活热水，因此一机多用，一套系统可以替换原来的锅炉加空调的两套装置或系统。用户可以根据不同的季节或实际需要来选择采暖或制冷，水系统不会受室外温度变化而影响其热效率。

5. 突出的环保作用

水源热泵空调以电为运行能源，而传统的采暖、空调系统主要燃烧煤、石油、天然气等大自然中有限的矿物质能源，而这些能源在开采、运输、转换和利用过程中，对自然造成了很大污染。如燃烧1t煤要向大气排放15kg粉尘、20kg二氧化碳、7kg氮化物，我国每年燃烧用煤约6亿t，其中取暖耗煤约占1/3，若在2亿t燃煤取暖中，有1/3以水源/地源热泵空调代替供暖，每年可少向大气排放100万t粉尘、133万t二氧化硫，47万t氮化物，节约原煤7000万t，可以为我们的子孙后代留下良好的生存环境。

水源热泵在运行中不存在污染，没有燃烧，没有排烟，也没有废弃物，不需要堆放燃料废物的场地，并且不需要远距离输送热量。在本次望京东区9号楼工程中，采用相对恒温地下水作为系统交换热量的介质，所使用的水源全部回灌，不会对水质产生污染。

6. 维修成本低

水源热泵系统设备简单，安装方便，启动、调整容易。另外由于是分体式空调系统，一台水源热泵空调发生故障不会影响大楼中的其他用户。

三、在实际使用中应注意的一些问题

水源热泵空调系统目前在北京尚未大规模应用，经过在望京东区9号楼实际项目的调研、建设和工程试运行，总结出以下一些在今后水源热泵空调系统应用中需注意的问题：

1. 认真落实建设地点的水文地质条件：

当前在北京水源热泵的应用中，利用土壤作为散热介质，成本较高，且受到建设场地的限制，因此较少选择土壤。普遍打井利用地下水为交换介质，这样地下水量的充足与否和是否稳定，便成为决定项目可行性的先决条件。需要设计人员认真核算楼宇的冷热负荷，计算出所需循环水量，结合建设地点的地质条件，决定能否使用地下水和需要水井数量。

土层条件也制约着项目造价的高低，砂卵层比较适合，土层颗粒间隙较大，适合于井水的抽取与回灌，地下水能较顺利快速地完成水体的循环。以北京蓟门饭店为例，因为当地土层基本为砂卵层，井水的出水量可达到200t/h，回灌量达到250t/h，因此只需2口井便满足要求，而望京花园东区9号楼，土层以细砂层为主，出水量虽可达到80~100t/小时，但回灌量只有50t/小时，因此为满足200t/h的井水交换量，需要打6口井，2抽4灌，工程成本大大增加。

2. 加强对地下水的保护

水源/地源热泵空调系统只是利用地下水完成热量的交换，水体并不进入空调系统的内部循环，水量完全回灌于地下，因此不会导致地下水位的降低和水质的污染，这样才保证了产品的环保性。因此在使用过程中，使用人员必须严格按照要求操作，不能擅自截留、使用地下水，以保证地下水质、水量达到环保条件。

3. 注重打井质量，延长系统设备寿命

井水的质量将直接影响水源热泵系统的运行效果，尤其对于井水中的含砂量问题要严格控制。砂量过多，会影响井的寿命，并加大对热泵机组的磨损，影响使用效果，因此根据经验，在井水进入热泵换热器前，需要加装除砂设备，降低砂量，提高设备的使用寿命。

4. 定期对取水井和回灌井进行切换

井水中含有一些砂和其他杂质，如果长期使用一口井进行回灌，井水中的杂质将堵塞井壁，导致井水无法回灌。因此应定期将抽水井和回灌井进行倒换，利用反冲原理，将井壁上附着的杂质排除，恢复正常功能，使设备正常工作。

5. 严格施工，控制机组噪声

当热泵机组设置于户内时，要严格施工要求，加强设备降噪措施，控制设备噪声水平，尤其要避免低频噪声，通过加装吸声材料，可以使热泵机组的运行噪声降到40dB以下，为住户创造良好的生活环境，避免用户的投诉。

生态建筑与生态城市——德国经验

■ 张路峰

→1

内容提要

本文以实地考察所得的第一手材料为基础，从观念、技术、产业、政策等四个层面介绍了德国等欧洲国家在生态城市和生态建筑方面的先进经验，指出生态观应当成为当代建筑师设计价值观的重要组成部分。

关键词：生态建筑　生态城市　德国

近年来，"生态"一词已经越来越多地成为许多学术论文的"关键词"。城市与建筑领域中的生态问题也越来越引起人们的普遍关注。然而，现实中仍然存在着许多对生态概念理解上的差异。比如，有人认为"生态"是少数建筑技术专家特别是建筑热工专家的研究领域，和建筑师的创作关系不大；有人认为"生态"是未来的事情，是"超前"于时代的考虑；有人认为在建筑中使用生态技术会额外花钱，得不偿失；还有人认为建筑师考虑生态技术会束缚设计思维的"创造性"；更有人认为"生态"不过是开发商伙同建筑师用来推销设计产品而找出来的新"卖点"而已。这些理解上的差异反映出，对于生态的概念，还需要我们从更全面、更深刻的角度来审视，以避免认识和实践上的误区。

笔者曾于2002年夏对德国、奥地利等欧洲国家进行了一次生态建筑与生态城市的专题考察。在德国生态学专家的带领下，参观了林茨、弗赖堡、柏林等十几个城市的几十个生态建筑项目，取得了大量的资料和实地体验。经过一段时间的整理和反思，得出了一些体会，愿在此就教于同行。

一、深刻的生态观念

在德国和奥地利，给人留下的最强烈印象的，是他们极为内在、深刻的生态观念。生态意识已经深深地扎根于他们的日常生活，扎根于他们的内心深处。这一点我们可以从他们对生活垃圾分类的精细程度中窥见一斑：在维也纳中心区街道旁有一处垃圾站，摆放在一起的垃圾箱竟有14种之多！塑料、玻璃、金属、电池、纸制品等均分类收集，其中玻璃又分为绿色玻璃、棕色玻璃和无色玻璃。市民都能自觉遵守废弃物投放的规则，即使是玻璃瓶上的塑料盖，也会被拧下来，与瓶子分别投放到标有各自名称的垃圾箱中去。联想到北京的垃圾箱，让我感到了差距。虽然近来也进行了分类的努力，但分类的方法似乎有些粗糙：普通百姓面对标有"有机垃圾"/"无机垃圾"或者"可回收物"/"废弃物"字样的垃圾箱往往会感到困惑。

欧洲人的生态意识达到如此程度并不是与生俱来的。就在上述有着14中垃圾箱的垃圾站背后，矗立着维也纳市政厅。维修工人正在用一种特殊的技术对这座有着许多复杂线脚和精美雕刻的建筑进行表面清洗。未清洗的部分呈暗灰色，而已经清洗过的部分露出了大理石的本来面目——洁白如玉。这似乎在默默地讲述着不堪回首的往事：20世纪60年代，由于当时人们对资源的滥用，欧洲爆发了严重的环境危机，大气、河流被污染，生态系统遭到严重破坏。白色大理石建筑所呈现的暗灰色，便是大气中的酸性污染物与水分子结合形成"酸雨"侵蚀作用的结果（图1）。这场灾难给人类发展模式敲响了警钟，进而从根本上改变了人们的发展观：1972年，罗马俱乐部提出了关于世界发展趋势的研究报告"增长的极限"，指出地球潜在的危机和发展面临的困境；在德国，环境保护问题甚至成了1979年在激进的环境保护运动中产生的"绿党"的政治纲领。

二、全面的生态技术

在德国，经过40多年的研究和实践，应用在城市建筑领域的生态技术已经形成了一个全面的系统。这个系统涵盖了日光能利用、雨水收集、旧建筑更新、生态城市交通以及建筑物表面大面积植被化等诸多方面。城市和建筑的生态指标从多方位、多角度得到了明显的改善，城市环境走上了良性循环的轨道。

1. 日光能利用

能源是生态问题的核心。在德国，能源的发展经历了一个不断调整改进的过程：传统的能源以煤炭为主，后来依靠原子能发电，但核废料的处理又成了新的难题，现在则大力发展自然能源。在欧洲的原野上，你会发现风车已经不

→2

再是荷兰特有的景观要素——有着简洁线条的现代大风车随处可见。欧洲的许多国家都在大力倡导利用风能、水利能、日光能以及原子能等洁净能源来取代传统的"化石能"，以减少对不可再生资源的消耗和燃烧排放对大气的污染。更直接、更方便地用于城市建筑的是日光能技术。目前广泛应用的方式是通过特制的接收装置，将日光能转换成可以存储和传输的热能和电能。光/电、光/热转换接收器可以根据不同的需要和条件，安装在地面、建筑屋面、墙面等不同的部位（图2）。

2. 建筑植被化

城市地面、建筑屋面和墙面用植物大面积覆盖是一种重要的生态技术。其目的不是视觉美化，而是"软化"城市中过多的硬质界面。和一般的"绿化"概念不同，德国建筑屋面植被不总是绿色的，有时呈"铁锈红"色。据带领我们参观的生态学家鲁道夫博士介绍，这种植物经过专家多年研究、精心挑选确定的，是一种适合于干旱环境生长的仙人掌科植物，具有很强的生命力。其叶片呈圆柱形，可以储存水分，因此不需要经常浇水；更值得一提的是，这种植物并不是靠根部吸收土壤中的养分，而是通过其叶片分解、吸收空气中的氮为自身生长提供养料。因此，它的根系不是很发达，也不需要建筑屋面有很厚的覆土层，一般只需要8mm厚的基层。基层可用碎砖渣或炉渣等多孔轻质材料，其蓄水性好，且有利于植物根系的固定，也不会给建筑增加过多的荷载。屋面植被的颜色随着水分和养分条件的不同而变化（图3）。屋面植被层不但可以有效地改善屋面的热工性能，还可以保护屋面防水层免受外部温度变化的影响而伸缩变形，延长使用寿命。鲁道夫博士曾来京考察并找到了一种类似的植物品种，民间称为"死不了儿"，他对这种技术在北京地区的适用性很有信心。

相比之下，墙面植被从技术角度来看更为简便。在德国古城美因茨，我们看到一座多层车库，其面向广场一面的墙面完全被葱郁的植物覆盖着。而覆盖这面约300m² 墙面面积的植物只有8棵（图4）！墙面植被可以有效地改善建筑外墙的热工效能，植物叶片和墙面之间的空隙形成流动的空气层，使墙面成为天然的"可呼吸式幕墙"。此外，植被化技术还被广泛地应用于停车场地面、城市交通防尘、减噪等方面。

3. 雨水的利用

在德国，城市雨水并不是简单地排放到城市雨水管中，而是被当作一种资源被利用的。在柏林波兹坦广场的奔驰中心建筑群，有一套非常先进而且完备的雨水回用系统：屋顶和地面收集的雨水一部分通过透水性地面回渗到地下，一部分通过蒸发回到大气中，剩下的部分则通过置于地下室的专门的设备净化处理后，用于浇灌绿地和冲厕。只有当降雨量较大时才将一部分雨水排入城市管网，而排入城市管网的部分是要按量缴费的。这种做法大大地减轻了城市管网的负担。据奔驰中心负责人介绍，虽然这套雨水系统加大了一次性投资费用，但从运行效果来看还是经济的。蒸发水池是与景观设计紧密结合的：池水很浅，池中设有多道高差，通过机械装置循环流动的水在落差处产生气泡，增加了水中氧气的含量，以避免池水腐败发臭。冬季通过增加水的流速以防止水池结冰（图5）。在柏林东部海乐斯朵夫和玛昌地区"大板楼"住宅区更新改造中，雨水回用技术也得到了广泛的利用，其长远的经济性也得到了居民的认可和欢迎。

4. 旧建筑利用

统一后的德国面临着全面的经济重建和生态恢复，旧建筑更新利用是个历史性的重要课题。在德国，人们对待旧建筑是非常谨慎的，旧建筑不只被当作文化的载体，更被当作一种资源。拆除旧建筑会产生大量的建筑垃圾，这些垃圾对环境会造成消极的影响，而同时，建造新的建筑又会消耗更多的资源。更重要的是，多年凝聚在旧建筑中的一些无形的社会文化网络一旦被拆除是不能复制的，所以人们格外珍视旧建筑的再利用价值。在柏林波兹坦广场的索尼中心建筑群中，基地内惟一的战前遗物——一座二层楼旅馆的片段，被保留下来，并被结合到新建筑中。令人感动的是，这个只有100多年历史的建筑片段被精心地镶嵌在玻璃盒子中，而且是从150m以外的原址整体迁移过来的（图6）。在柏林的国会大厦改建工程中，原有建筑上一些二战时期的弹孔和苏军当年的涂鸦甚至都被有意识地保留下来了。在柏林西南部的小城波兹坦，人们计划用20年时间去恢复在“民主德国”时期遭到严重破坏的城市生态。一条开凿于18世纪的运河民德时期被填死，现在正被逐段挖开；被铺成沥青路面的城市道路正在被恢复为石子路面——这可不是出于怀旧趣味的考虑，而是生态恢复措施的一部分：恢复地面的透水性。居民住宅从内到外进行了全面的设备更新和立面修缮，一些废弃的啤酒厂也被改造为文化艺术中心和啤酒花园，给居民的日常生活场所注入了新的活力。

此外，利用旧建筑比新建建筑有着更好的经济性：在柏林，新建筑造价约为3000欧元/m²，而修缮旧建筑造价约为1500欧元/m²。这也是人们优先选择利用旧建筑的重要原因。

5．构造与设备

当我们刚刚开始探讨生态住宅的真正涵义时，德国人已经基本上进入了“告别空调暖气时代”——至少室内物理条件已经不再依赖空调来保障。而做到这一点，需要采取一系列的生态构造措施：墙体通过多层复合构造来提高其保温隔热性能；窗的设计简单实用，通过一种特殊构件使其能够以两种不同的方式开启——平开和下悬。下悬时窗扇上部向室内倾斜，引导沿建筑外墙自然上升的气流进入室内，改善了室内的自然通风效果。窗扇玻璃尺寸尽量加大以减少接缝数量。在一些高层建筑中，如诺曼·福斯特爵士设计的法兰克福商业银行和伦佐·皮亚诺设计的奔驰中心办公楼等，建筑师将窗户设计成双层构造，形成对外部气候的“缓冲空间”，使其在不开启的情况下能够同时做到保温、隔热和自然通风（图7）。

在法兰克福商业银行办公楼，难以想象这样一座现代化的高层建筑并不依靠传统意义上的空调系统。作为备用系统的中央空调只在极端气候时启用，而大厦建成多年以来这套系统还从未被派上过用场。维持大厦室内日常物理条件的是一套经过特别设计的“健康空调系统”，其工作原理是：外部空气通过管道进入地下室，与恒温（大约4°C）的地下室进行热交换，经过预热（冬季）或冷却（夏季）过程，并经过特制的过滤装置进行除尘杀菌，再由管道系统输送到各楼层室内空间。这种原理目前已经在许多不同的项目中得到应用，尽管各自所取得的效果不尽相同。

建成于1994年的波兹坦新能源中心（EVP）办公楼的采暖系统是对一种最新生态构造技术的成功探索：天棚的抹灰层内埋入直径3mm的PVC微细管网，管内冬季充热水，夏季充冷水。水温由安装在屋顶的日光能设备调控，使室内能不靠空调暖气而常年保持舒适温度。这种冷屋面/热屋面技术原理已经在北京的“锋尚国际公寓”项目中得到应用。

6．交通与停车

城市交通是影响城市生态的要害部门。在德国和欧洲的许多城市，虽然私人汽车拥有量很高，但并没有对城市生态产生负面影响。城市通勤主要靠发达的公共交通系统来解决。在柏林，公共交通包括9条地铁、28条高架铁路和165条巴士线路，占城市交通总量的27%。发达的公交体系可以减少私人汽车的使用需求量，从而减少尾气排放对环境的污染。

此外，人们在私用汽车车型的选择上除了考虑燃料种类、排放标准等生态指标外，外形尺寸也是首要考虑的因素。和一些发展中国家人们追求气派的心态相反，德国人开始认同“小的是美好的（Small is Beautiful）”这一价值观。因此，德国大众公司和瑞士斯沃琪公司合作生产的微型轿车——SMART在一些重视生态的欧洲国家大受欢迎。这种车的长度只相当于普通轿车的宽度，在拥挤的城市中停车极为方便。

交通噪声也是一种环境公害。在欧洲的高速公路乘车旅行，沿途的各种隔声墙构成一种特殊的景观要素。隔声墙的设计非常简单、实用，材料五花八门：有混凝土预制的、有木制的、有竹编的、有金属板的、甚至还有透明钢化玻璃的。在城市中，除交通设施本身注意减噪外，建筑物的规划、设计与细部构造也充分考虑防交通噪声。

三、发达的生态产业

生态技术的研发和推广一方面产生

→3

→4

了对标准化、大量生态设备、产品以及制品的需求，另一方面也造就了一大批生态产业，并创造了巨大的市场空间和众多的就业岗位。这是生态技术发展成熟到一定程度的必然。在德国，取得国家许可的日光能设备生产厂有12家，除了满足国内市场需求外，产品还向世界各地出口。而且，这些工厂还承担着日光能技术的研发和推广任务。除此之外，对应着不同的生态技术领域，还涌现出了一大批生态产业：空气循环净化设备厂、雨水处理设备厂、窗／遮阳构件厂、屋顶绿化维护公司、绿色建材厂等。值得一提的是，在柏林有一家专门从事城市更新工作的公司——S.T.E.R.N，该公司也是特定市场需求的产物。他们主要承担修缮、改造原东柏林地区工业化“大板楼”的任务。目前他们拥有欧洲最大的旧城更新任务量，业务范围涉及柏林的5个区，所负责的项目占地范围达260ha。这些生态产业已经成为了德国新的经济增长点。

四、有效的生态政策

有了发达的生态产业支持，全面生态技术的真正奏效，还有赖于政府部门制订相关政策以及法规来保障和推动生态技术措施的实施。首先，德国联邦、各州、市政府出台一系列经济杠杆调控政策，如：为鼓励人们利用日光能，政府允许将光电板所转换的电能除满足自用外的多余部分输送到国家电网，国家按价付费——这在一定程度上把对日光能的利用转换成为一种投资行为；为引导人们在新的建设项目中使用雨水回用技术，政府提高了对建设场地范围内雨水向城市管网排放的收费标准，使人们不得不权衡一次性设备投资和日常运营的长久的经济效益；为缓解市中心拥挤的交通状况，政府并不直接限制私人汽车使用，而是提高停车收费标准，加大公交系统建设的力度，使人们主动放弃使用私人汽车作为通勤工具。其次，德国各级政府部门、银行、资金雄厚的大型企业（特别是生态企业）从自己做起，率先推行生态技术，把自己的办公楼做成“生态建筑”，一方面为生态技术的推广起到示范作用，同时也用实际行动表明了一种“有远见”的姿态，有利于提升政府或企业的自身形象。

结 语

生态问题是无国界的——地球只有一个，如果我们今天不做出努力，明天收获的苦果，将不只属于我们中国人。建筑师和每一个地球公民一样，应该有更强的生态意识并负起相应的责任，从自己做起，从现在做起。城市生态是一个大系统。这个系统遵循“木桶效应”——桶的容量取决于最短的那块木板。所以，城市生态建设要从观念、技术、产业、政策等不同层面同时入手。当然，对建筑师而言，生态标准并不是衡量一个建筑好坏的惟一标准，追求生态效能也不是建筑设计的惟一出发点。建筑的设计目标是复杂的，设计方法是多样的，而对生态因素的考虑应当成为建筑师设计哲学和方法论中重要的组成部分。那种不顾社会责任的、以个人审美趣味和自我表现欲为中心的、“自恋”的建筑创作价值观，在当代社会中已经相当过时了。建筑师从生态角度出发考虑问题，不但不会束缚设计思维，反而会激发出新的创造力。这一点，我们从诺曼·福斯特设计的法兰克福商业银行办公楼和柏林议会大厦中可以体会到。德国以及欧洲部分国家“高技术”的生态措施值得学习，中国以及世界各地民间“低技术”的生态做法同样值得借鉴。但把生态“标签化”、抄袭、模仿其表面形式是危险的——“伪生态”建筑会败坏真正生态建筑的名声，从而使生态技术的大规模推广遭遇更多阻力。

→ 5

→ 6

→ 7

切实可行的城市生态工程

——城市建筑环境大面积植被化

Large Area Vegetarieren of Building in Germany

■ 戎 安

文摘：

"城市建筑环境大面积植被化"，它运用生态学观念和城市生态工程原理，通过理论研究并在此基础上开发相应的应用技术和工艺措施；通过城市设计，将开发出来的生态技术及措施运用到相应的城市项目中，有效的改善城市环境质量，控制城市环境向良性循环方向发展，重新恢复或再造生态良好的城市生存空间。它是生物科学与建筑科学结合的产物，它是在城市化进程中的一场"生物学－建筑学"革命；它是创建城市生态的一种有效途径。

关键词：

城市化　城市板结现象　城市建筑环境大面积植被化

Abstration:

"Large area vegetatieren of building" provides us an important illustration for the practicable of City-Ecology. It proves that people can use the concept of Ecology and the engineering principle of City Ecology, and can develop appropriate measures by considering of apply principle, by means of urban design, to control and improve the development of the city efficiently, to recover the good quantity of city environments, and to rebuild out ideal living space in the city. It is the product of the integration of Ecology and Architecture; it is an Ecology-Architecture revolution during the process of urbanlization; it is also an efficient way to create the City-Ecology.

Keyword:

Urbanlization, Phenomenon of Agglutination, Vegetarieren of Building.

→1

Thermalbilder Atlanta

混凝土化的城市表面

True Color

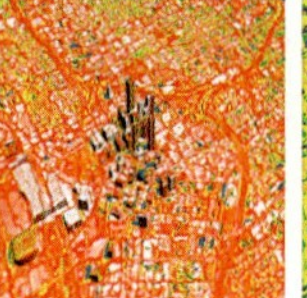

白天城市热岛效应红外线测试图（白天气温27℃，城市表面温度48℃）

Thermal Day

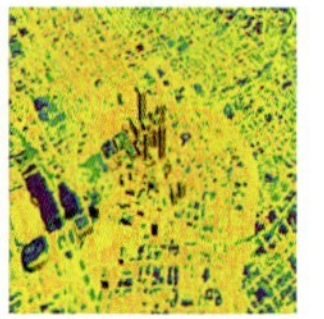

夜晚城市热岛效应红外线测试图（夜晚 气温10～13℃，城市表面温度24℃）

Thermal Night

→2

当前，全球性城市化进程在加速。伴随着高速城市化的发展进程，自然土地被大量的城市建筑物、构筑物、道路、广场和其他硬质人造物所代替，自然环境受到极大影响。大地上天然的自然植被覆盖层被城市的发展所吞噬，绿色资源的消失率远远大于其再生率（图1）。高速城市化已导致城市气候的改变，这种改变已经影响到世界50%人口的生活。人类生物圈中的废弃物污染了城市生存空间。如城市空气被污染，污染的空气危及城市植物、生物的生存。城市发展对自然土地资源的过度开发，铺天盖地的硬化城市覆盖面等人为的割断了城市环境中的自然循环链。城市排放的碳氧化和气体在城市上空形成一个雾罩，使城市空气中的辐射热量无法散去，形成"城市温室效应"。城市中热辐射被硬质覆盖层贮存和释放，城市普遍存在"城市热岛"现象。城市成了"钢筋混凝土"的森林（图2），城市水泥表面层形成了城市硬化覆盖面层，它一方面使雨水无法自然返回大地，严重破坏了自然土地的保水能力，致使城市的地下浅层水源干枯，地表水面萎缩。为了满足不断增长的对城市用水的需求，地下水过度的开采也导致了地下水位的极度下降。大城市普遍存在水源不足，日趋严重的用水供需失衡加剧了城市生存空间的潜在危机；另一方面城市排水管网负荷与日俱增，城市基础设施不堪重负，城市建设价格不断上涨。城市内部交通拥堵、噪声、粉尘充斥，城市失去了良性的自然生态循环，自然调节力极度下降，城市机能效率逐渐低下……这一系列现代城市问题被统称为城市化过程中的“城市板结现象（Phaenomen der Agglomeration）”（图3）。

面对急速发展的城市化潮流，在城市固有空间中突显出亟待解决的问题如下：

- 城市空间板结——亟待软化；
- 城市环境污染——亟待净化；
- 城市景观混乱——亟待美化；
- 城市形态破碎——亟待整合；
- 城市物种消亡——亟待拯救。

由于我国土地资源有限，人口基数大，近十几年的高速发展，导致城市已建成的固有城市空间密度远远超过世界上同等大城市的密度。城市内部已开发建设的部分，不再可能开发出用作修复城市生态环境、代尝城市超负荷的环境负担和偿还城市“生态债务”的大片城市绿地。那么通过什么手段才能因地制宜和切实可行的恢复城市良性生态功能？如何才能克服“城市板结现象”这个城市可持续发展中的主要矛盾？要解决上述问题，又有谁能承担起如此复杂而艰巨的任务呢？

我们的回答是：“城市建筑环境大面积植被化”堪当此重任！

在城市建筑环境中，如：大量的建筑物、构筑物、道路、桥梁、路轨，步行街道、广场等，运用生态理念和科技手段对城市三维空间体部的表面实施大面积植被化，尽可能多的在各种城市建筑环境表面覆盖植被。例如：在城市建筑物的立面、屋面，城市公路的防噪板墙面、城市轨道交通的路基上、城市高架立交桥桥体表面，城市空间中的维护栅栏、隔断、围墙以及坡道；在所有城市建筑环境中的垂直的、水平的、斜向的多维空间中尽可能多的强化栽培各种植被覆盖层，利用植物生态特性和其特有的对环境的调节功能，来消解由于“城市板结现象”所带来的城市热岛效应，消解城市环境污染，缓和气候反常等一系列影响城市可持续发展的“大城市病”，这是世界先进国家采取的主要对策（图4、图5、图6）。

“城市建筑环境大面积植被化”是鉴于植物的光合作用、蓄水特性和滤水性能等植物生态习性，利用它对温度的、辐射的和空气湿度的调节能力，它的吸尘能力，以及它对城市季风运动的影响和消解城市噪声等的功效来改善城市小环境的生态和气候。“城市建筑环境大面积植被化”可以起到的功效为：

- 软化城市空间；净化城市环境；
- 整合城市形态；协调城市景观；
- 丰富城市物种；美化城市生活。

“城市建筑环境大面积植被化”将

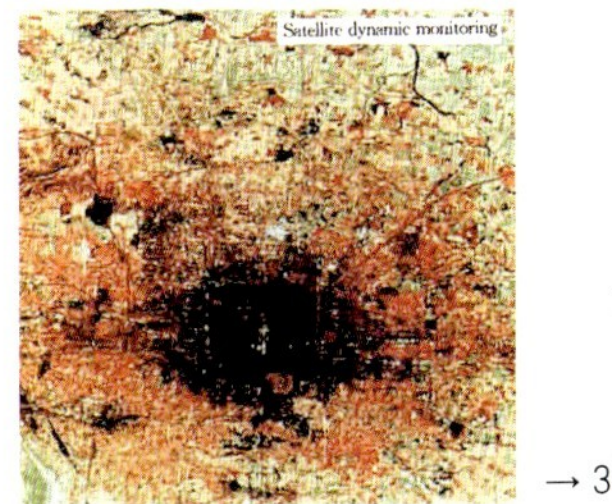

卫星动态监测

→3

→4

→（图1）红外线航拍片显示：深圳从1988到1996的城市化过程中几乎丧失了绝大部分自然植被覆盖层，失去了自然环境的大部分的光合能力，也可以说城市生态的氧气库已被消耗殆尽

→（图2）红外线航拍到的美国阿特兰嗒的“钢筋混凝土森林”，航片显示出城市热岛效应的状况

→（图3）卫星遥感照片呈现出的北京市城市板结现象

→（图4）植被化屋面

表1　植物叶片光合作用（Photosynthese）[①]

植物吸收	通过光合作用	生成植物物质基础	植物排放
$6CO_2+$　$12H_2O$	Strahlungsenergie →	$C_6H_{12}O_6$	$+6O_2+6H_2O$
二氧化碳　水	光辐射能量	碳水化合物	氧　水

① Kord Baeumer 著，《Allgemeiner Pflanzenbau》3.Auflage，Verlag Eugen Ulmer Stuttgart1992 出版，SBN3-8252-0018-3 P30，笔者翻译加工

表2　屋顶植被化后1986-1988年间雨水贮存和雨水排放量统计表（德国汉诺沃大学测定）[②]

基层厚度 (cm)	植被物种形式	雨水贮蓄量/减少向市政管网排放的雨水量		
		春、秋（冷季节）	夏（热季节）	总时间阶段中
2	苔藓类植被	40～50（%）	55～65（%）	48～58（%）
4～6	苔藓类、草本、草类植被	45～50（%）	60～70（%）	52～62（%）
8～10	草本、草类植被	45～50（%）	65～75（%）	55～65（%）
14～16	草本、草类植被	50～60（%）	80～90（%）	65～75（%）

② Jens Drefahl 著，《Dach Begruenung》1995，P17 Tabelle 5.1。笔者翻译加工。

表3 植被叶面的阳面和阴面以及日光下的建筑表面温差测定 ③

太阳下不同物体表面的温度比较 (Comparison of temperature of different surfaces)

表面 (Surface)	温度 Temperature(°C)	空气温度 Air temperature(°C)	太阳辐射 Solar Radiation (W/m²)
树叶阴面 (Leaves in Shadow)	30.5	31.2	430
阴影下的混凝土 (Concrete in Shadow)	39.5	35.5	420
太阳下的绿色树叶表面 (Green leaves in Sun)	35.2	35.5	980
太阳下的紫色树叶表面 (Purple leaves in Sun)	37.1	35.5	980
太阳下的白色树叶表面 (White leaves in Sun)	33.0	35.6	975
太阳下的枯死的树叶表面 (Dying green leaves in Sun)	45.2	35.6	983
太阳下的混凝土地面 (Concrete ground in Sun)	55.2	35.5	1010
太阳下的土地面 (Soil ground in Sun)	43.4	35.3	1000
太阳下的砖墙面 (Brick wall in Sun)	53.3	35.5	1015

③资料来源：Department of Architecture,The Chinese University of Hong Kong,Liao Zaiyi,Tsou Jinyeu,笔者翻译加工。

针对所确定的建筑环境，因地制宜的选用能够适应所在地的城市气候的、土生土长的、具有较强洁净环境能力的、最易栽培、易成活、耐寒、耐旱、最少养护需求、四季都发生环境效应的植被物种，将建筑环境外维护结构的单一维护性功能，转变为在维护的同时又具有光合作用。被大面积植被化的城市建筑环境包括城市地面和建筑空间，其被植被覆盖层的空间整合，它将可以连接城市郊区原野——产生新鲜空气和冷气流的生态库和由高密度硬化建材覆盖的城市中心热效应区，筑成“城市冷桥”空间，形成城市“植被走廊”，植被走廊可以与城市水域体系相结合构成城市结构中的“城市生态廊道”。城市生态廊道和城市冷桥空间将为城市提供舒适的新鲜空气，消减城市热岛和温室效应对城市环境影响，修复城市业已被破坏的城市生态链。在城市中，相对于人在城市建筑和城市发展时有意识或无意识的破坏自己所生存的自然和人文环境的行为，“城市建筑环境大面积植被化”则是一种在发展中改善环境的有益尝试。在城市化过程中，它是一项运用城市生态工程和景观生态学的科学原理，为城市核心地区的可持续发展提出的革命性的城市生态宣言。

1. 城市建筑环境大面植被化生态机能的基本原理和城市生态功能

1）利用植被光合作用特性，为城市环境吸收碳氧排放物，制造氧气，有效的控制城市温室效应，改善城市气候。

针对城市空间的板结所导致的城市温室效应，利用植被光合作用特性（表1），能够有效地调节城市核心地区的碳化合物气体的浓度，为城市生产氧气；大量吸收城市辐射，调节空气温度和湿度，改善城市气候环境。

2）利用植被蓄水特性，将雨水还原给城市自然，修补城市生态链，缓解城市市政管网压力。

雨水落在植被化屋面上，50%～90%将被植被的根系吸收储存（表2），剩余的小部分，通过檐口和落水管排出。这部分雨水一些可以直接返还自然地面补给地下水，另一些可以排给社区水面形成城市生态循环链。同时这个措施将大大缓解城市排水管网不足的压力，节约城市市政管网的建设投资。

→5

→6

3） 利用植物叶面吸收光辐射热的光合作用驱动植物泵，将“防热”变为“消热”，改善城市温度环境，消解热岛现象。

由于植被的光合作用性能所产生的植物光合驱动力，植物泵可将大部分水从根系输送到叶面再通过叶面蒸发到空气中，在蒸发中带走热量，植被叶面的向阳面和背阳面有着明显的温差效应（表3），植物泵的驱动也消耗掉许多热能。利用这个特性可大量吸收城市辐射热，调节空气温度和湿度，改善城市气候环境。

→10

4） 利用植被大量吸收辐射热的特性，改善在强烈日照和集聚温差等自然力作用下，改善城市建筑物防水材料的快速老化问题。利用植物覆盖为城市建筑物附加保温和维护层；软化城市形象。

植被有大量吸收辐射热的特性（表4）。在强烈的辐射热、严寒或酷暑气候条件下，对建筑物表面造成的戏剧性的巨大温差变化，特殊自然现象如冰雹的袭击等，都会加速建筑材料特别是建筑防水层的老化，严重的损害建筑外维护面特别是屋面质量寿命。当建筑屋面防水层结构被置于植被化的覆盖层下时，因受到植被层的保护，建筑材料的寿命将会大大增加，因此也可以大大减少城市建筑一般性维修费用。

植被叶面又好像为城市建筑穿上了一层可调节城市气候的可呼吸的绿色外装。这件外套成了建筑物的附加保温层，通过这个措施可以改善建筑保温隔热性能，同时减少城市能源消耗和因能耗所产生的环境污染问题。大面积植被覆盖层，可以为城市建筑穿上绿色的外衣，软化目前城市建筑“水泥化”所造成的城市形象的僵硬感。随着四季的变化，大面积的植被饰面，可以在大格调和谐统一的前提下，大大美化城市，城市的面貌将丰富多采，城市空间将充满诗情画意(图7、图8、图9)。

5）利用植被叶面吸附、凝结能力，消解部分城市大气中的有害物质、吸附城市粉尘，降解城市大气污染。

“建筑物大面积植被化”可以用其大面积的植被叶面吸附大气中10%～20%的粉尘污染，部分吸收空气中和雨水中所含的硝酸盐或其他有害物质，植被生长还可以大量的消费碳氧化合气体，放出氧气，改善城市空气质量。那些被吸附和凝结的污染物将被植被部分作为营养利用和吸收。

6）利用植被的发散性特点和对声能的吸收效能，吸收部分城市噪声，降低噪声对城市生活的干扰。

植物叶面分布是多方向性的，对从一个方向来的声波具有发散作用。其软质覆盖面与建筑外表面之间形成的夹层，可以有效的消耗城市噪声能量，吸收部分城市噪声，降低噪声对城市生活

→7

→8

→9

→（图5） 植被化公路防噪墙
→（图6） 植被化道轨轨基
→（图7） 德国，法兰克福生态村住宅屋面和墙面立体植被化
→（图8） 建筑表面立体植被化细部近景
→（图9） 德国，法兰克福商业银行高层办公楼屋面植被化景观
→（图10） 德国柏林市区住宅植被化环境

表 4　　植被层吸收、反射辐射热和对屋面的影响值测定表

随日光变化的植被化屋面的能量分布

【单位： 光辐射或反射通量（μ mol）/ （mm .s)】

日进程	太阳总辐射量	非植化被屋面		植被化屋面			灌木群体		
		反射量	反射率	反射量	吸收量	吸收率	反射量	吸收量	吸收率
6	340	38	23.38	20.4	319.6	94.0			
7	615	55	22.33	41.5	573.5	93.2			
8	1473	119	20.21	90.3	1382.7	93.9	131.1	1341.9	91.1
9	2738	202	18.45	160.2	2577.8	94.2			
10	3063	232	18.94	165.1	2897.9	94.6	248.1	2814.9	91.9
11	3295	184	18.08	152.2	3142.8	95.4			
12	3645	258	17.72	180.1	3464.9	95.1	273.4	3371.6	92.5
13	2635	211	20.02	130.6	2530.0	96.0			
14	1665	144	21.56	99.4	1565.6	94.0	148.2	1516.8	91.1
15	1563	125	20.00	70.0	1493.0	95.5			
16	1015	85	20.96	48.4	966.6	95.2	75.1	939.9	92.6
17	453	38.6	21.28	21.7	431.3	95.2			
18	355	30	21.20	16.0	339.0	95.5			
平均值	1758.0	132.4	20.32	91.3	1666.7	94.8	144.2	1613.8	91.8

→ 11

→ 12

→ 13

→ 14

的干扰。被自然化的建筑可以改善其反射声波的能力，并可以提高防噪层的防噪效率。尤其地处航空的空中走廊或舞厅等娱乐设施所在地等强烈噪声源旁的建筑都有较强的防噪要求。植被化的建筑可以充分体现出其防噪优越性。

7）利用植物的物种群落关系，为再塑城市生态链创造环境基础。

植被化所建立的人造生态小环境，为城市小生物提供了可生存空间，昆虫和其他小生物、小动物，都可以在“城市建筑环境大面积植被化”所提供的基床上建立自己的家园，“城市建筑环境大面积植被化”为它们的生存提供了空间，而它们又为飞禽鸟类提供了食物来源，“城市建筑环境大面积植被化”弥合了生态圈内已断裂的食物链（图10、图11、图12、图13）。

8）“城市建筑环境大面积植被化”作为一种城市消防措施。

植被叶面对飞星火种或强烈的辐射热所引起的火灾现象有一定的防护作用。故德国建筑规范（DIN4102　第7）将“建筑物大面积植被化”也作为一种城市消防措施。

9）“城市建筑环境大面积植被化”为城市建筑屋面将被再次开发和利用提供了条件。

城市建筑屋面将被作为城市立体空间的休闲场所被继续开发成：“空中苗圃”、“空中花园”、“空中菜园”、“屋顶植物园”、“屋顶咖啡”、“屋顶酒吧”、“屋顶游乐场”等各种屋面利用形式。它为市民提供了更多样化的空间活动立体场地。在需要时屋顶还可以为城市提供蔬菜、水果或变成屋顶操场。

2．国外先进国家城市问题的对策和经验

回顾历史，发达国家在“城市化”进程中也同样出现过城市“水泥化”不断蔓延，城市边界无控制的不断向外扩张所导致的“城市板结”现象。以联邦德国为例，德国每年被建筑所吞噬的良田面积就高达 2000 ha。从生态学角度来看，这是一个十分值得关注的大问题。针对发展和环境保护的矛盾，德国科技界提出了“建筑物大面积植被化”这一城市生态工程方案。它的提出本身就是对已往“建筑罪孽”（图14）的反叛，是人类修复建设性破坏的一剂良药。

在德国从很早以前就开始了对“建筑物大面积植被化”的探讨和研究。建筑师拉比兹·卡尔，早在 1867 年巴黎的世界博览会上，就展现了他创作的“屋顶花园”模型，在当时引起了极大的轰动。柏林 20 年代起就已完成了大约 2000个屋面的植被化工程。1927年，在柏林的卡尔斯达（Karstadt）超市联锁百货公司的 $4000m^2$ 的屋顶上创造了当时世界上最大的屋顶花园（图 15）。从此后，德国一直保持着在这个技术领域中世界领先城市的地位。时至今日，全德近 1 亿 m^2、首都柏林近 45 万 m^2 的建筑物屋顶已被植被覆盖，许多建筑物表面完成了立体植被化（图 16，图 17）。

为了改善一个小生态气候以及城市

水环境而贯彻实施建筑物大面积植被化是在对植物社会学、地理学和城市生态学的分析基础上，建构城市生态立法的和行政条例的纲领性条件的有利契机，是对法制建设以及行政工作手段的综合效益的回顾、展望和有效的考验。建筑物大面积植被化能得以贯彻实施，也是上述诸多要素的综合作用的结果。“城市建筑环境大面积植被化”是城市生态工程的一项以可持续的城市发展为目标，并基于国家经济发展和资源状况，切实可行的城市生态工程科研项目。它结合运用生物或植物技术对城市进行城市设计、建筑设计和景观设计，进而在城市中实施。旨在改善城市生存空间的气候、改善空气卫生状况并部分的消解城市污染问题。

在从0度至90度的坡度上进行种植的先进工艺技术。为了人工制造的植被环境所创造的植物种群能够形成有活力的生态系统，首先必须对植物品种进行筛选，选育能够适应所在地气候的、土生土长的、具有较强洁净环境能力的、最易栽培、易成活、耐寒、耐旱、最少养护需求、四季都发生环境效应的植被物种；并对植物品种进行合理的搭配，一般不少于八、九个品种。屋面种植层的建筑构造和用料也非常考究。他们通过深入的科学技术研究，还开发出许多植物根系基层用料配方、级配方案和构造措施，如预植“植被地毯”工艺等，它们在生物和准生物领域与城市建筑领域相结合方面已完成了许多研究课题（图18、图19、图20、图21）。

→15

→16

→17

在德国按照科学研究的成果，科学的建立了生态环境平衡体系，并为保证环境资源的生态平衡制定了详尽的开发标准。建房必须偿还因建设所损失的自然环境，偿还有两种办法，一种是通过法定的原则，向国家管理部门缴纳补偿费，由国家统一采取补偿措施。另一种是由投资者自行按照规定的统一标准，做出环境修复和补偿方案，比如采取与建设同步的各种强化的绿化措施、雨水回收措施等，可以按规定以此来减少缴纳的环境开发补偿费。环境修复和补偿方案要上报有关管理部门审批并监督执行。对建筑环境的各个界面的立体化大面积植被化是其主要补偿措施之一，在德国有85%的建筑物表面的植被化都受到国家法律保护。

在德国访问期间，德国成熟的技术、工艺和大量的研究成果都给我们留下了十分深刻的印象，他们研制开发了

为了适应不同环境的需求，德国还为“城市建筑环境大面积植被化”建立了市场化、工业化、系列化的产品系列。如：种植系列、防水层系列、培养基层系列、通气和排水系列等。绿化实施后，种植层中特殊的孔隙形保水材料，可吸收50%雨水供植被生长使用，因此，植被屋面一般很少需要养护。被“建筑物大面积植被化”后的城市环境，美观、质朴、自然；空气的清新度、湿度得到明显改善；郁郁葱葱的生活环境，为城市带来了活力和生机。“建筑物大面积植被化”以它所具备的，在社会、经济和生态效益等多方面的优越性独秀一枝（图22）。

3.结合对欧洲城市生态工程的考察和研究，思考与讨论如何解决我国城市问题困惑的一些看法

由于我国土地资源有限，人口基数大，近十几年的高速发展，导致城市中

→（图11）德国法兰克福郊区住宅区立体绿化状况
→（图12）居住区屋顶花园
→（图13）居住区屋顶小植物群落
→（图14）城市建设大量吞噬着自然环境制造着“建筑罪孽”
→（图15）柏林卡尔斯达百货公司屋面
→（图16）德国工业库房大面积屋面植被化
→（图17）东柏林城市软化工程板楼屋面植被化

→18

→19

→20

心区已建成的城市空间密度远远大于世界上同等大城市的密度。如何面对城市板结现象，解决城市热岛和城市污染问题？

已建成的城市中心区已无土地，不可能再开发出大片城市绿地来代偿城市环境负担。通过什么手段才能因地制宜和切实可行的恢复城市良性生态功能？如何才能从某种程度上缓解和改善我国大城市的城市环境，我们能否借鉴先进国家的经验，展开对城市建筑环境大面积植被化的科研和工程实践呢？笔者认为是完全必要的，通过对城市建筑环境大面积植被化的开发研究，也会取得很好的社会、经济、环境效益，研究课题内容可以包括：

1）定课题试点区域，对城市环境、气候、物种等展开调查、分析、研究，建立生态工程参照系。规划设计城市建筑环境植被化试点工程。

2）针对所确定的建筑物，因地制宜的选育能够适应所在地城市气候的、土生土长的、具有较强洁净环境能力的、最易栽培、易成活、耐寒、耐旱、最少养护需求、四季都发生环境效应的植被物种。

3）研究植被座床的建筑基层，无土栽培技术和相应的工程材料、技术、工艺流程等（图23）。

4）研究城市中心区的“中水”回用，利用中水灌溉“城市建筑环境植被化”的工艺流程和相关技术、设备控制手段，价格体系等工程和经济问题。

4）开发城市建筑环境植被化设计所需的计算机控制系统程序。

5）针对城市生态工程展开政策法规研究，建立政策保障体系。

6）依托城市生态工程，拓展城市产业，开发新的城市消费市场，提供新的就业岗位，研究城市生态产业对开发城市新的就业市场和生产领域的影响。

7）总结工程设计经验，制定相应的标准、规范、规程和标准图集。

8）研究社区级利用可再生能源保护人工生态系统运行的科技体系和产品。

9）对改造前后社区的城市美学、居民生活结构、社会关系、环境心理等的环境影响进行调查、分析、研究。

10）对城市建筑物大面积植被化前、后的建筑物进行建筑物理的测定以及其建筑节能研究。

11）研究如何建立城市生态环境数字化信息监测系统（图24）。

结语

城市建筑环境大面积自然植被化，能够有效利用城市资源，保护环境，净化环境，亲和自然，美化环境，为城市生命种群提供得以生存的良好生态环境，为人们创造一种舒适、健康、安全、美好的城市生活空间。当然，面对城市化现象中如此错综复杂和多变的城市环境问题，不是仅靠一项举措就能够彻底扭转局面。城市问题的最终解决还要依靠人类理性的反思和发展科学技术来对城市环境综合治理，恢复和再生良性循环的城市生态。但无论如何，“城市建筑环境大面积植被化”提供了一个城市生态的可实施性方面重要的例证，它证明人们能够运用生态学观念和城市生态工程原理，通过城市设计，并运用在上述理论基础上，开发出来的相应技术措施，有效的控制和改善城市发展，重新恢复良好的城市环境质量，再造我们理想的城市生存空间。它是生物科学与建筑科学结合的产物，是在城市化进程中的一场“生物学－建筑学”革命，是创建城市生态的一种有效途径（图25）。

→（图18）多种植物品种级配，植被化屋面形成的环境景观
→（图19）多种植物品种级配的植被化屋面保护层
→（图20）柏林高层建筑屋顶花园
→（图21）在植被化屋面上创造的小生物群落
→（图22）建筑环境大面积植被化，可以收集雨水改善居住区生活小环境
→（图23）植被座床的建筑基层构造示意图
→（图24）城市生态环境监测系统示意图
→（图25）板结化的城市与城市建筑环境大面积植被化后的城市生态系统环境状况对照

→ 21　　→ 22

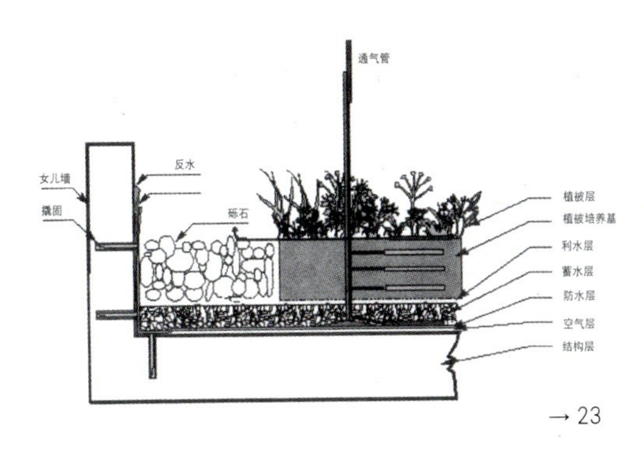

→ 23

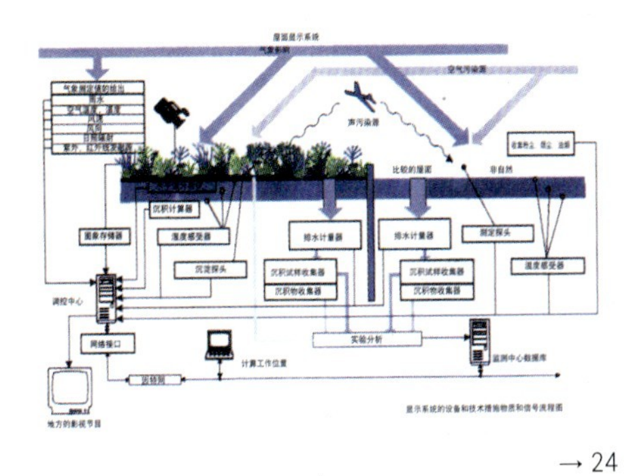

→ 24

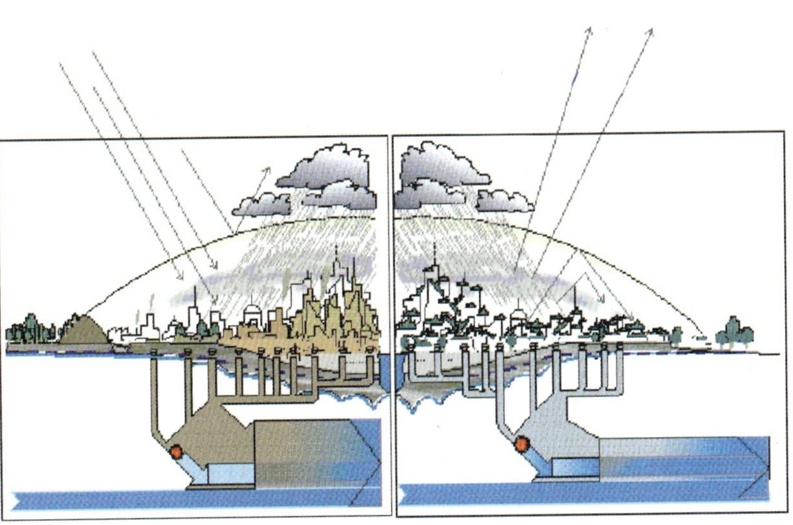

→ 25

本文在形成过程中得到德国友人、德国城市生态专家。鲁道夫博士教授(Dr.Prof.Rodulf)的指点、帮助和支持，包括他的柏林城乡生态工程有限公司(GASP—Berlin)所组织的欧洲城市生态专业考察和他所提供的技术资料，特在此表示衷心感谢。

参考书目：

1. Jens Drefahl.Dachbegruenung.M Rudolf Mueller,1995
2. H.Sukopp,R.Wittig.Stadtoekologie.Gustav Fischer,1993
3. James Wines.Gruene Architektur.Taschen Lektorat Koeln London Madrid New York Paris Tokyo ,1992
4. Kord Baeumer.Allgemeiner Pflanzenbau.Verlag Eugen Ulmer Stuttgart,1992
5. 戎安.德国城市建筑环境大面积植被化.世界建筑，2002(12)

国外老年住宅研究

■ 陈庆华

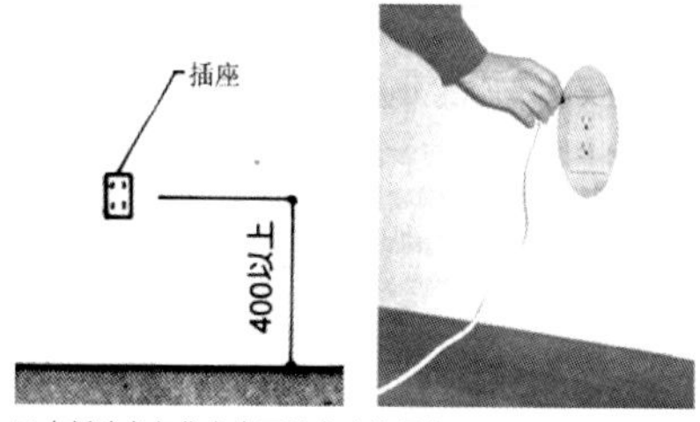

日本新建老年住宅中开关高度的规定

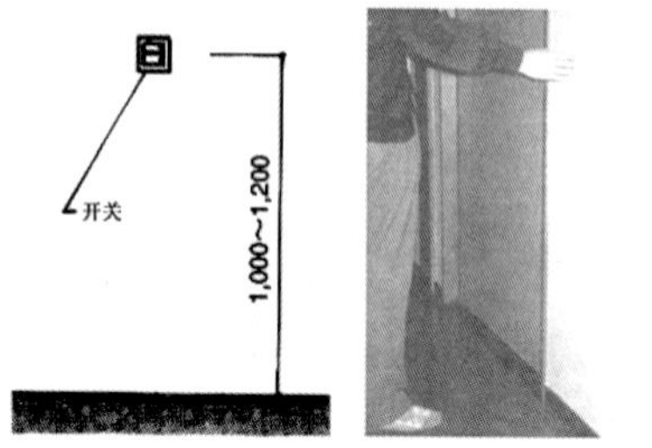

日本新建老年住宅中卫生间的尺寸规定

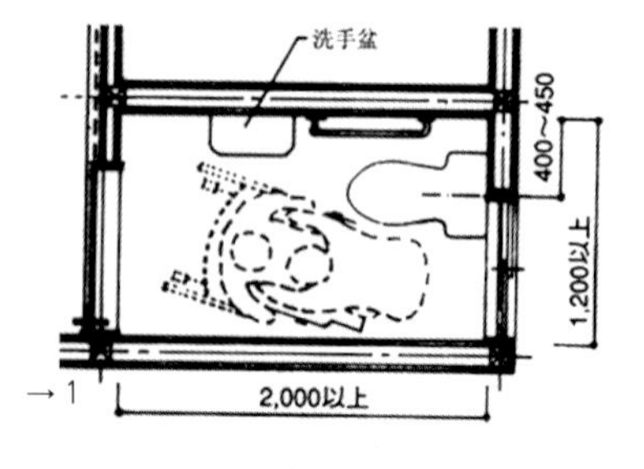

→1

→(图1) 日本老年住宅设计研究实例一
资料来源 年金バリアフリ—住宅设计マニュアルとその解说[新建住宅编], 全国年金住宅融资法人协会发行, 1996

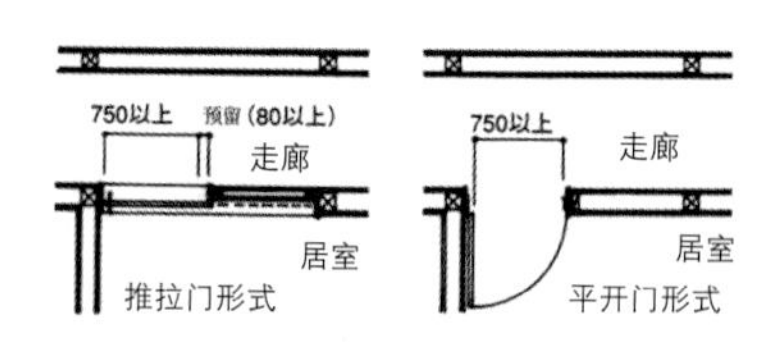

日本新建老年住宅中对房门宽度的规定

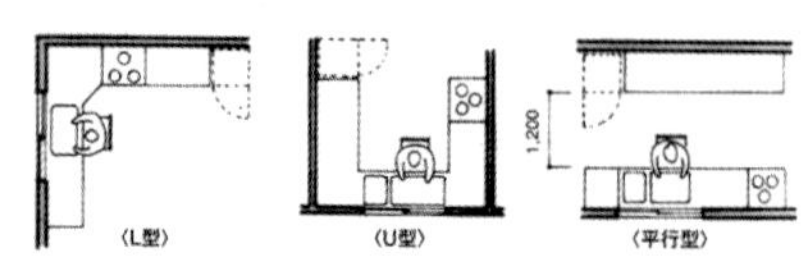

→2 日本新建老年住宅中厨房的类型

→(图2) 日本老年住宅设计研究实例二
资料来源: 年金バリアフリ—住宅设计マニュアルとその解说[新建住宅编], 全国年金住宅融资法人协会发行, 1996

据统计, 2000年全世界65岁以上的老年人口将达到5.9亿。全球150多个国家中已经有50多个进入"老年型"。这是由于人口出生率逐年下降而平均寿命不断延长造成的必然趋势, 也是社会发展的新问题。各国已经根据各自的国情, 针对老年问题制定了相应的社会福利政策, 以使老年人在收入、健康、居住、就业和服务等方面有所保障。在老年人的居住问题上, 各个国家都有相关的政策和管理方法, 虽然与我国的国情不尽相同, 但是象日本等这些亚洲国家还是有很多做法可借鉴, 也可以作为未来发展趋势的目标。

日本

1. 新建住宅研究

虽然日本有详尽的住宅建设标准法规, 但是公众认为法规中只提出了要求安全和卫生的设计标准, 并没有明确住宅的可用性、舒适性和持久性 (即满足不同年龄阶段需要的可能)。为此, 政府在2000年秋推出了 "Housing Perfor-mance Indicators" (住宅性能标准)。

"标准" 内容包括9个方面:

(1) 结构的稳定性;
(2) 防火安全性;
(3) 防老化;
(4) 可维护性;
(5) 节能;
(6) 室内空气质量;
(7) 视觉环境;
(8) 声学环境;
(9) 老龄化设计。

规定至少在两个阶段使用 "标准" 来评价住宅的质量——完成图纸绘制和完成住宅结构建造时。具体的评测内容包括: 房型设计、功能分层、楼梯设计、扶手、防护栏杆、走廊和房门的宽度、老人卧室、卫生间等等具体细部的设计标准, 这些设计和质量的标准集中在为老年人考虑的方面。对独立住宅和集合单元式住宅分别进行相应的规定, 以确保老年人在不同住宅内养老时的舒适度和安全性, 尽量延长家庭在养老过程中的作用 (图1、图2)。

2. 改建住宅研究:

在日本, 很多老人现在居住的房屋由于建造年代较早, 破损程度严重, 特别是单身老人的住宅, 四分之一以上需要修理, 而且由于住宅设施的缺陷或不足, 导致老年人意外事故的情况屡见不鲜。针对这样的实际情况, 根据相关的调查, 政府研究制定了相应的政策, 利用补助和贷款的形式, 对老年人居住的住宅进行翻修改建, 其中改造的主要部位是浴室和厕所, 占住宅改造总数的三分之二。

改造的具体方法包括: 平开门改为推拉门、增设扶手、改变浴缸的长度以便增设进出的平台部分等(图3、图4)。

→3

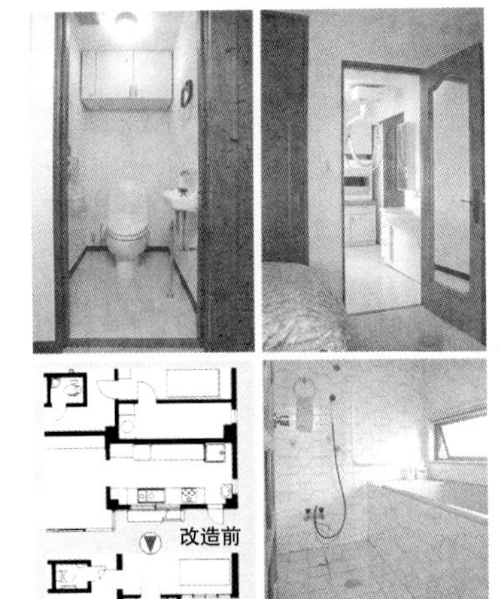

→4

→(图3)日本老年人住宅改造实例一
这是将普通住宅的卫生间改造成适合老年人使用的常见方法。蹲式便器改坐便器，并且在恭桶旁设置扶手；平开门换成折叠式的门，并且在干湿分区交界处增加漏水水槽。
资料来源：年金バリアフリー住宅设计マニュアルとその解说[新建住宅编]，全国年金住宅融资法人协会发行，1996

→(图4) 日本老年人住宅改造实例二
在这个改造实例中，将隔壁的主卧室打通，与原来的厨房连成一个大的卫生间，包括洗手间和浴室以及更衣空间。改造中注意消除地面的高差，而且增加了扶手等辅助设备。
资料来源：年金バリアフリー住宅设计マニュアルとその解说〔新建住宅编〕全国年金住宅融资法协会发行，1996。

新加坡等亚洲国家

新加坡等亚洲新兴国家与中国有类似的文化背景，尊老敬老的风气已然沿袭。大力的提倡老少同居的养老方式："Ageing in Place"（原宅养老），"Ageing in palce"是由欧洲国家兴起的一种养老模式，在新加坡又加入了老少同居的概念，形成具有自己国家独特的养老方式。

住宅设计研究的重点集中在多代居户型和居住环境的无障碍设计方面。具体包括：通用的多代居住宅单元平面设计（图5）。

除了以上的这些研究和建设的成果之外，最近新加坡老年居住建筑的研究方向和实践包括：

■ "WHITE FLATS"（空白住宅）——即住宅单元设计中除卫生间和厨房之外不进行明确的划分，使得空间更有灵活性，以迎合家庭不同需要的变化（图6、图7）。

■ "STUDIO APARTMENTS"（小公寓式住宅）——供独立生活的老年人选择的居住形式，房间大小适合1～2个老人居住，内部设备考虑老年人的特性，在浴室和厨房等处设有安全保障系统。（图7）。

欧洲国家相关研究

在荷兰，强调老人自立生活，并且最新的研究趋向是在老年人的住宅设计中增加医院的部分检查和治疗的功能。于1959年成立了慈善基金（Humanitas Foundation）[1]，为老年人提供住宅或者家

→（图5）新加坡多代居平面设计
资料来源 HDB'S EXPERIENCE IN HOUSING THE ELDERLY，Peter Chan

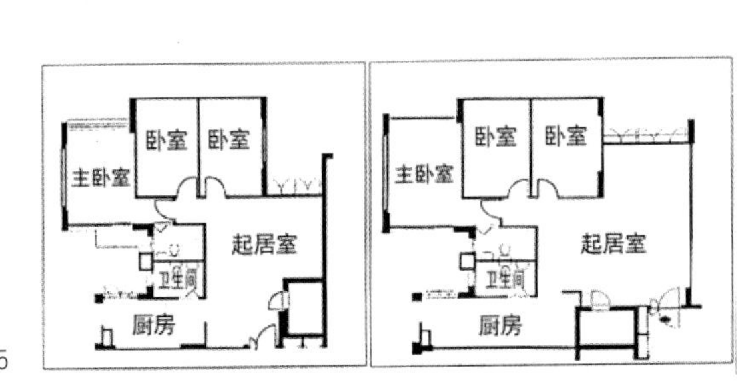

→5

→(图6) 新加坡"WHITE FLATS"(空白住宅)平面设计
资料来源：HDB'S EXPERIENCE IN HOUSING THE ELDERLY，Peter Chan

→(图7) 新加坡"STUDIO APARTMENTS"(小公寓式住宅)平面设计
资料来源：HDB'S EXPERIENCE IN HOUSING THE ELDERLY，Peter Chan

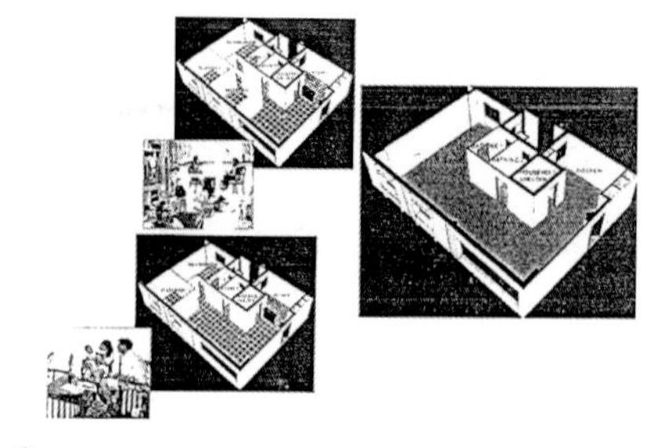

→6

→7

庭护理服务，具体的内容包括类似于护理院的护理和治疗，是一个非盈利的组织。他们的建设和发展的原则和目标是：

①尽可能让老人自立生活；

②保证老年人有伴侣或者儿童陪伴；

③确保老人更多的私人空间；

④在老人不需要护理的情况下尽可能不变更其居住地；

⑤房租和护理费用分别核算；

⑥尽可能与自己的老邻居同住，保持老年人原有的社会关系；

⑦根据老年人自己的要求，提供不同的护理；

⑧保证护理服务的连续性。

在这些原则目标的基础上，研究者提出了老年住宅中各类房间的基本要求，例如在房间标准为75m²的老年公寓中(图8)，有下列要求：

①保证轮椅的行走和回转尺寸；

②消除门槛；

③燃气计量表和电表以及其他所有设备的安装位置，要考虑坐在轮椅上也能够方便操作；

④烟感和防火监视系统；

⑤配置具有自动调温器的触摸式水龙头；

⑥浴缸的安装位置保证双边护理的可能性；

⑦有温度限定功能的淋浴装置。

此外英国、瑞典等国也有相关的研究，不再逐一表述。这些国家的最新研究结果见图9。总之，欧洲各国的养老居住建筑的设计研究重点在于：强调并且协助老年人在原有住宅中自立生活，"Aging in Place"是欧洲国家一贯遵循的原则，也是世界其他国家效仿的典范，每个国家又根据自己独特的国情和实际需要，对此概念加以本土化的深化，例如：前面提及的新加坡，就是在这个概念的基础上，加入了亚洲文化圈内特有的多代同居的因素，形成自己的养老模式。

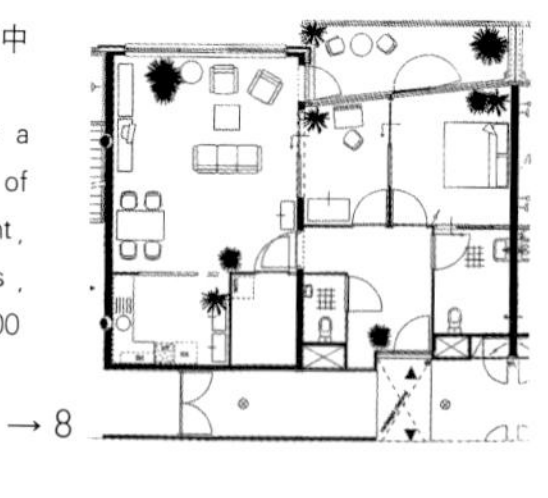

→8

→(图8) 荷兰老年公寓中居住单元的平面设计
资料来源：Humanitas in a nutsbell，The inventors of the Age-proof Apartment，Humanitas Press，Rotterdam，August，2000

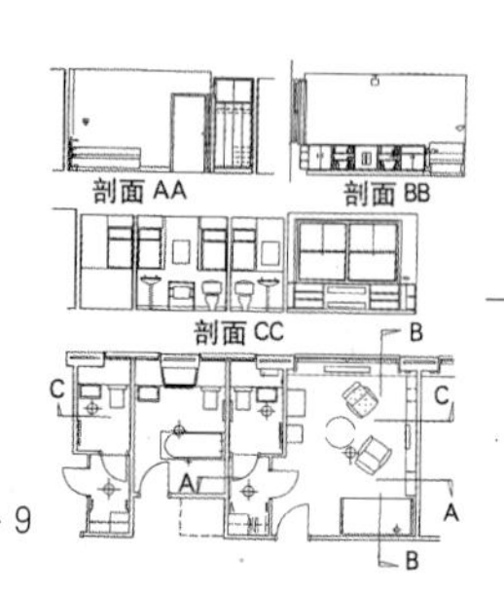

→9

→(图9) 英国老年公寓单元平、立面设计
资料来源：Ministry of Housing and Local Government Design Bulletin 1 "Some Aspects of Designing for Old People"，published by HMSO

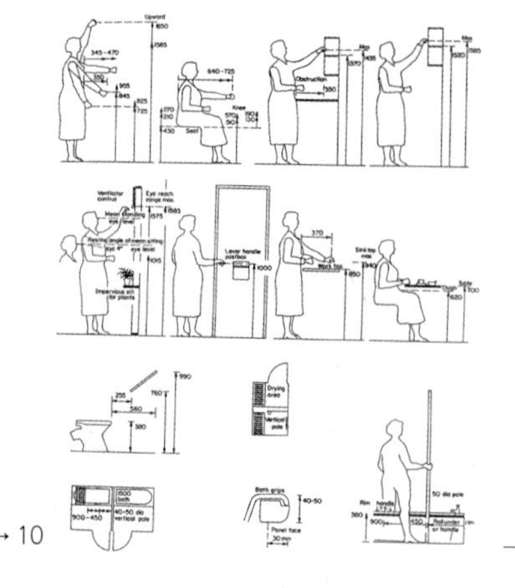

→10

→(图10) 英国老年人体工程学研究
资料来源 Ministry of Housing and Local Government Design Bulletin 1 "Some Aspects of Designing for Old People"，published by HMSO

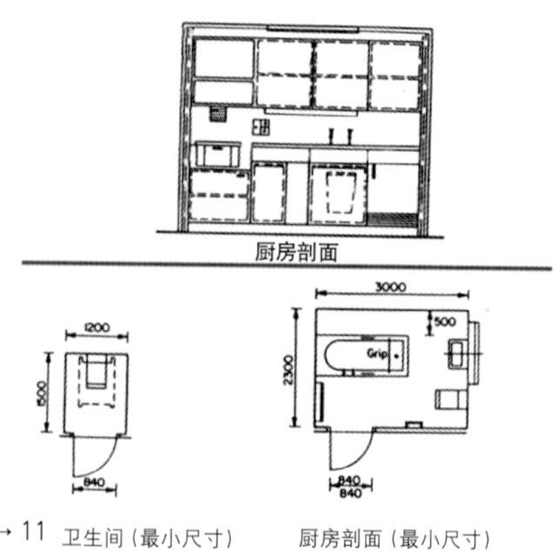

→11 卫生间(最小尺寸) 厨房剖面(最小尺寸)

→(图11) 英国老年公寓内设备细部设计
资料来源 Ministry of Housing and Local Government Design Bulletin 1 "Some Aspects of Designing for Old People"，published by HMSO

齐欣简历

1959年——————　出生于北京
1983年——————　毕业于清华大学
1984～1994年——　在法国读书、工作
1994～1997年——　香港福斯特事务所工作
1997年——————　在清华大学兼职任教
1998年～2001年　北京京澳凯芬斯设计有限公司总设计师
2001年起—————　维思平建筑设计咨询有限公司总设计师

齐欣访谈

注意到齐欣是从他的国家会计学院开始。有感于设计的华丽与浪漫，想多了解一些他的作品，却发现真正建成的少之又少。这与他丰富的人生经历仿佛不太协调。带着某种好奇，我见到了齐欣本人。

问：建筑师在设计中运用新技术、新材料时会遇到哪些问题？

答：我们每天都会遇到这样一个问题，在做方案时有一个设想，比如想用某种材料、某种技术来达到预期效果，这需要靠很详细的资料去说服业主接受。在国外，此时会由建筑师出资请一位这方面的专业顾问，由他提供经济、技术方面的数据，业主同意后再找厂家具体实施。但在国内没有资金，也很少有这种专业顾问。我们只能先去找厂家提供数据，而这样做对设计师来说其实是一个限制，而厂家往往在没有拿到项目之前不会很认真、很愿意地去做，而一旦拿到了项目，同样也不会特别努力地配合，因为项目已经拿到了。

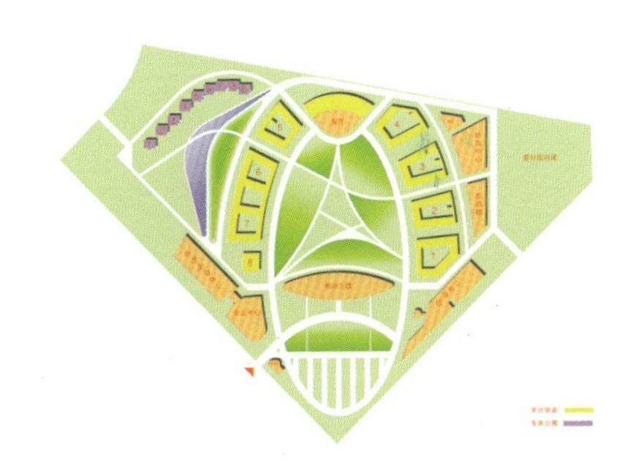

问：请以玻璃为例，谈谈新材料、新技术在建筑中的运用情况。

答：现在国内新材料、新技术层出不穷。比如大连机场的中标方案运用了一种充气的张拉膜结构。这在国外已经不新了，但在国内却绝对是新的。就像安德鲁在国家大剧院中用到的一些东西，这种情况对中国市场会不会产生制约影响呢？我觉得其实是一种刺激、一种推动。

拿玻璃来说，它的发展非常快。1997年我们事务所在做上海久时大厦的玻璃招标，我们提出了一种三层玻璃幕墙方案，这在中国是全新的东西，可是对福斯特事务所的人来说已经是远古时代的事了，他们在1986年做汇丰银行时已经用到过这种系统。事物在不断演变，每过一两年就会有新的体系出现。全世界厂家都在研究玻璃到底有多大的发展潜力。现在的玻璃无非是用于围护，当它运用到结构上时就会产生一种全新意义的建筑。另外，玻璃是不是真的那么好呢？比如为什么要做三层的玻璃？主要是玻璃对辐射的透射会给人带来不适，还有它比较重、价格贵等等，有很多问题，如果能够解决这些问题，也许就会有新的材料出现了。

问：国家会计学院是大家比较认可的一个项目，在设计时如何考虑材料和结构的运用？

答：其实在做会计学院时也有许多地方不尽如人意。比如设计中用到的一种木纹铝板，我一直不太满意，但由于工期所限，无法找到更好的替代品。你说它的图书馆像剑桥的法学院，是这样。但由于限高18m，所以它只有两层。剑桥法学院是4层，而且结构形式由两层管子组成。我们只做一层就够了。另外我有个习惯是做模型，这个方案就是由首钢做了1:1的节点模型。

问：色彩在建筑中的运用是很讲究的事，在做设计时怎样考虑呢？

答：刚回国时，国内几乎没有颜色，而现在是太多了。我选用色彩会从城市角度来考虑。法国建筑师不太喜欢用颜色，并成为一种时尚，建筑尽可能纯，完全靠体量和光影来描绘。但整个城市都这样就不一定好了，用颜色应该是很讲究的。

说到廊坊第五大街商业街坊是在其他建筑建成之后的最后一个建筑，前面的建筑用了一系列欧洲建筑语言，颜色非常丰富。作为一个群体的延续，它应该是彩色的。另一方面它是一个商业建筑，会卖给不同的店铺，我希望能用建筑本身的语言告诉别人店铺的位置而不是靠挂个牌子。

问：许多业主愿意请国外建筑师做方案，您觉得他们的作品能否符合我国国情，适合中国人的需要？

答：首先什么是国情。我们以前住四合院，现在都住楼房。这是生活方式的一个极大改变。不光是国内，国外也如此。再看我们的楼房，开发商每天都在开发新的户型，中国人是一个非常开放的人群，接受新事物特别快。这在政治上叫和国际接轨。另外，中国人设计的东西是不是就更能符合中国人的生活方式呢？比如办公室，国内外没有什么区别。发展使人们在探索新的生活方式，从另外一个角度讲，运用新技术就是通过一种手段来创造新的环境，同时也创造了新的生活方式、工作方式。为了适应这种创造，我们要研究新的技术，发现与之相适应的新材料。

问：目前中国好的建筑不多，许多大型项目是与外方合作的，是否说明国

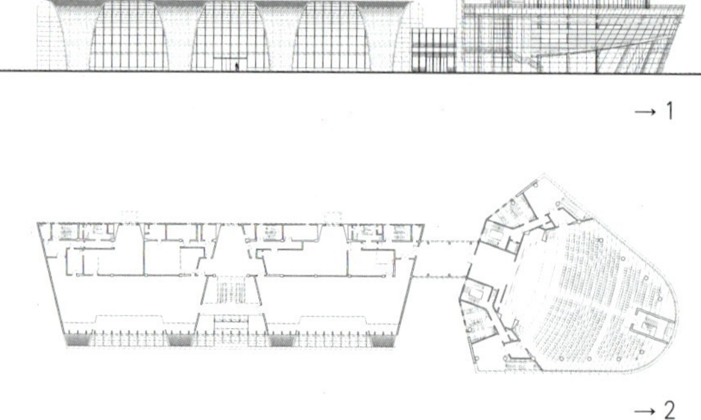

→1

→2

→（图1）大讲堂立面图
→（图2）大讲堂二层平面图
→（图3）东立面
→（图4）剖面
→（图5）西立面
→（图6）南立面
→（图7）北立面

→3 →4

→5

→6 →7

内建筑师缺乏创新精神，或是业主的限制造成了大量平庸作品的出现?

答：我认为建筑业是服务性的行业，建筑师的任务是首先要服务于业主，而不是做艺术家。如果你想随意创造，只有自己做业主。中国建筑师的创作空间并不完全比国外建筑师少。中国的建筑比较乱，到处都在创造，有时一个项目中就会运用到七、八种新技术、新材料。形式上从中国古典到西洋古典，从中国现代到西洋现代，而这在国外几乎是不可能的。一方面我们的创作空间大，另一方面是设计构思是否真的那样好。

我在香港福斯特事务所时从未对业主说不。其实建筑师水平的高低不是表现在无节制的尽情发挥，而是在同样满足业主要求的前提下把方案做得更好。我们玩的游戏是在所有的限制中做一个不太差的房子，把满足业主的要求当成设计的起点。

尽管齐欣始终强调他在工程设计中对业主的服务精神，但从谈话中时时能感觉到他对设计的执着追求，以及潜意识里对建筑理想完美化的偏好。正是这种对理想的坚持，让我们看到了像国家会计学院这样的建筑精品。

赞美物质

<IN CELEBRATION OF MATTER>

RAFAEL MONEO

■ 刘宏伟／翻译 钟文凯／校对

在20世纪晚期，艺术可以部分地归结为对根源的探求，这相对来说属于新生事物。先锋主义艺术家在20世纪初相信他们正在书写艺术进化历史的最终章节——同时也是一个崭新时代的开端——在此过程中，艺术领域里相继的各个时期不间断地进行着关于再现自然的不懈努力。当Wolffin提出对艺术史进行综合阅读的时候，他奠定了视觉上的，并最终归结为抽象的理解方向，而这一方向将可以概括所有以前时代的经验。

抽象，作为绝大部分20世纪艺术的核心问题，有着符合逻辑的结果：它更多地是一个终结而非一个开端。然而，对于一些哲学家来说，先是Nietzsche，后来有Heidegger，新的开端同时也是最后的部分。他们认为文化必须被重新发现，必须进行决裂，惟一的出路就是抛弃过去。历史，Foucault所谓的19世纪的统制者和女王，必须被遗弃。只有重新规定源初的问题，人们才可以找到正确的答案。60年代，当欧洲与北美关于抽象的探索几近枯竭和陷入重复的时候，艺术家们对于这个势在必行的(变革)十分敏感，并开始探索其他的道路。对周围世界客观性的发现使他们欣喜若狂，而未知事物的不可名状地存在使他们感到震惊。随后他们尝试重新创造这种经验，并把对世界的全新认识引入画廊与美术馆。概念艺术，极少主义艺术，都是关于“根源期待”的展现形式。70年代早期的一些建筑尝试或是停留在纯粹地转译极少主义艺术家的经验；或是终结于一种应用了概念艺术家所热衷的语言学模式的新版本的先锋主义传统。70年代晚期突然涌现的隐喻建筑学把这些尝试都抛在了后头。

Jacques Herzog与Pierre de Meuron属于其作品能够被解释为致力于使建筑重新获得根源的为数不多的建筑师。一

Plywood House

Schwitter Mixed-use Development

Schwitter Mixed-use Development

Ricola Storage

种对根本意义的探索，与建筑的建造本质的直接对话，使他们的作品独具风范并彰显于与他们同辈的建筑师们。与其他建筑师相比，Jacques Herzog与Pierre de Meuron (以下均简称为H &de M) 更为强调建筑的根源性。H &de M在设计位于瑞士。Bottmingen的Plywood House。及西德Weil的Frei摄影工作室的时候，他们就试图摆脱任何成见与偏见。他们发现：去建造——也就是Heidegger所说的占据大地——首先必须创造一个全新的、人工的地面，一个平台。这是整个建筑过程的出发点。H &de M在他们对于根源的探索中始终关心这个首要的基本环节，建立基础成为建造过程中最重要的，决定性的一步。

任何人审视他们的作品，都会发现他们对于在大地与建筑之间建立一种清晰、根本性的区分的痴迷。水平面的建造自从建筑学出现就一直是关键环节。构筑所围合的空间被消减为最少的表现；建筑师更加关注外墙与屋顶，它们成了构成建筑的物质存在的最关键的元素。在Plywood House中，屋顶是遮风挡雨的，与主体空间的天花板并非一回事。藉此，通过对于功能的区分，H &de M得以澄清建造的本质。在Frei摄影工作室中，屋顶上的立方体表达了它们作为固定照像机镜头的作用；再一次，满足建造要求暗示了建筑的使用，它就是其存在的理由，成为设计的主体构思。回到本源意味着重新组织建筑最为基本的需要。建筑来自于对最基本条件所限定的问题的直接回答。

尽管H &de M对普遍性的关注，他们对于建筑所在的具体状况十分敏锐。在这些状况中，场地始终是一个重要问题，他们对于场地的关注在后面将会谈到。可以说在他们的作品中，场地从来都不是决定因素。Frei工作室的平面，及位于瑞士Basel的Claragraben的

建筑项目的阳台就是如此，Schwitter 综合开放项目中的互相重叠的几何体亦然。按照 Heidegger 学派的理论，现场(site)与建筑共同产生了场所(place) 的面貌。对 H &de M 来说，建筑学对于人类生活的贡献在于创造场所，使其可以赋予对我们所占有的地方的归属感。特定的环境，例如在 Plywood House 中的树，并未影响他们的设计，建筑以消极的态度接受了这“不速之客”的存在。没有人会把这个房子视作某一特定环境的产物。当我们谈到本源，问题就更为基本，与外在环境并没有太多关系。我认为，把 H &de M 的作品看作现在很普遍的以环境作为出发点的实践中的又一例证是一种误解。在我看来，恰恰相反，这两位建筑师在他们的作品里描述了具有普遍性的状况，然后把所有意想不到的情况纳入其中，从而标识了他们的作品，同时转化了它们的本质。Ricola Storage Building 即是这一设计思想的例子。简简单单长方形的空间是建造的直接结果。墙与屋顶是建筑的基本元素。墙的复杂性说明建筑师想要一下子解决所有问题的渴望。照明、隔热、视觉的秩序等等问题激发了建筑师的设计构思。最终，建筑的形式看上去最为接近那些用于安全、干燥地储藏物品的原始的本地构筑物。但是，H &de M 在探求关于最基本问题的普遍与本质的答案的过程中所展现出来的缜密，排除了任何把建筑理解为是要建立一种语法结构的企图。钉子、木板条与板材都服从于一种最终会生成形式的比例系统的框架中。建筑师的热情促使他们去发现数字与序列的效率，最后则创造出韵律。作为工匠，他们发现了学科的本质。

如果我们审视 Ricola Storage Building 的转角，很明显，H &de M 懂得如何建造墙体，并且坦白地接受在那里所遇到的问题。他们并未按照任何一种先入为主的关于形式的设计取向来塑造这个转角，而仅仅是成全了两片墙的相交，一个出人意料的美丽节点就出现了。这样直接了当的姿态十分吸引人。这几乎成了一种具有标志性的设计手法。但实际过程中，这种态度并没有那么容易实现：任何人，比较一下这个例子的檐口下的转角都会很欣赏建筑师的精心考虑，的确是造就了一个建造工艺

Ricola Storage

Stone House

Stone House

Pfaffenholz Sports Center

Pfaffenholz Sports Center

Pfaffenholz Sports Center

上更为明晰的转角。令人惊奇的是，他们对于本源状态的探索造就了一种简单纯粹的物体，而这些物体并不应被视作类型的前身，尽管他们曾在 ETH 师从 Aldo Rossi。H &de M 刻意地避免用精心构思的图像去导致一种类型。他们更加担心的是“图像比喻”，我更倾向于说，那种想要抹杀所有已知图像的痕迹的艰苦努力成就了他们的作品。表现及被表现对于他们来说是等同、完全一致的，由于没有所设定的图像，所以它们在建造过程中得以融为一体。因此，对于命名事物的忧虑被减轻了，只有构想新事物的诞生所带来的满足。

不过，建筑师用来表现的载体就是材料。在建筑学上要表达任何东西都意味着建造，即与材料打交道。H &de M 相当地清楚这一点；他们源源本本地接受材料，但所做的是洞悉一种新的设定，新的使用它们的方式。对他们来说，材料先行决定了形式。木板的平面性决定了墙最后的图案。木质的纹理与节点相结合，令人想起传统的石墙的节点。在位于瑞士 Oberwil 的 Blue House，混凝土砌块通过涂色被转化了。板材的构造也限定了分隔，并最终形成了墙的外貌。

Ricola Storage Building 清楚地证明了 H &de M 的建筑中材料的重要性。他们喜爱工业材料，从而避免把对于本源的探索与复古情怀混为一谈。他们对于材料的敏感使用造就了在 Tavole 的 Stone House 中所展现的那种丰富的体验。各种材料所演的角色，诸如混凝土，砌块、石头，对于确定窗户的位置及屋顶与墙的衔接等等都是决定性的。H &de M 处理材料就像画家处理颜色和画布的纹理；材料有助于确定建造的视觉结构，并为建筑的物质存在性提供对自身的支持。在 Stone House 的例子中，混凝土与石工以一种不同寻常的方式共同作用，使其不能仅仅被解读为又一例填充墙的构筑物；令人惊异地，竖向的混凝土构件表达了室内空间的划分。建筑并非一种可以被理解为通过机械程序臆造的产物。没有任何东西推委给不可靠的选择。H &de M 的设计过程恰恰是那种被称之为选择性设计的反面。他们的作品唤起了一种清教徒般的宁静，当一个人相信事物不能以任何其他方式存

在时所怀有的那种感觉。

然而，H &de M 的作品又是坚定地植根于它们所产生的社会：在他们的国家，瑞士。他们的作品反映出某些为本世纪瑞士建筑所实证的品质与属性：尊重建筑场所，恰当地建造，精确的细部节点。在寻求审慎与可靠的作品的政客的眼光里，这种务实的姿态展示了一种合理性。所以，H &de M 能够成功地在瑞士与那些更为商业化的设计公司竞争。从他们对可以被称之为理性建筑的关注来看，H &de M 的作品看起来是继承了诸如 Moser, Bernouilli 或 Salvisberg 的建筑传统，甚至使人联想起 Hannes Meyer。总之，精确与富有效率受到早期的瑞士现代主义建筑师的普遍尊崇。而且我们知道这些属性对于 Salvisberg 来说，决不仅仅是风格化的现代主义教条，所以我们今天对他的建筑有着高度的评价。当 H &de M 致力于住宅项目时，就更为有力地证明了这种倾向。他们的住宅基本上尊重了所熟知的类型，然而总是结合了使他们的方案充满生机的元素，赋予了他们毫不含糊、独一无二的设计思路。对他们作品的研究表明，这一点在大的项目和小的项目中是完全一致的；例如 Vienna-Aspern 住宅项目或是 Schwartz Park 的公寓楼。建筑师的这种自我约束的工作方式，他们对于形式操作的节制，以及某种对清教徒式的严谨所怀有的自豪感使他们的作品始终散发着浓烈的气质。

关注 H &de M 这样的有着如此出色的作品的年轻建筑师的确是获益良多，不仅是限于有素养的专业圈子，而且在他们的社会里也被广泛地接受与理解。H &de M 做到了服务于社会而没有丢失他们的学术理想。实际上，正是由于他们意识到建筑的社会责任，从而使他们的作品得到了提升。在他们作品的诸多积极元素里，如果我们仍然相信建筑与社会是密不可分的，那么这种理解就显得更为有意义。

前面的段落，从现在算写于几乎十年以前，是为介绍 H &de M 的作品给北美的公众，总的来说于我仍历久如新。在已经过去的这段时间里，他们做了大量的设计，证明了他们驾御各种各样的设计内容的能力，非常的富有才华，感觉敏锐，灵活且高效率。他们不断地参加竞赛，在专业刊物上发表他们的作品，还有他们在不同学校的教学，已经使他们的设计思想成为今天不容忽视的一种选择。是什么使他们的作品对学生与批判家都这么有吸引力呢？我可以大胆地说，由于坚信建筑能给所有参与建造的人带来一种全新感受的力量，他们征服了那些拒绝把周围的世界看成是随机和偶然的现实的人们。即使在他们现在的作品里，那种尝试不同地去使用材料的新鲜感，以及那种把建筑学里可以被理解为个人风格的表现减至最少的坚定信心，都仍然令人耳目一新。

Ricoal-Europe

Dominus Winery

Dominus Winery

Dominus Winery

另外很有价值的是，将普遍性置于偶然性之上赋予了 H &de M 的作品逆“流行”而动的勇气。然而，这里存在某种矛盾：一种态度看起来像是提倡对(建筑)基本性的发现，这是一种力求深刻的，置作品于某种痴迷状态的态度；另外一方面则是一视同仁地使用各种不容忽视的设计技巧，这一点似乎促使他们去同最为粗劣的专业主义相抗衡。换句话来说，对于有着这样的理想目标的建筑学，要与以实际经验为美德、从而不可避免地陷入重复的职业实践相共存是非常困难的。结果，我们不得不承认，在他们现在的大量设计中并非所有的都像最初的那些一样使我们感兴趣。为了不至于让读者感到迷惑，我这里所指的例子是位于 Basel 的 Suva Building、位于 St. Louis 的 Pfaffenholz Sport Center, 在 Mulhous 的 Ricola Factory、及 Technical University of Eberswalde 的图书馆，还有像 University of Jussieu 的校园或 Blois 文化中心。在所有这些尽管显示出他们职业素养的设计中，建筑师的活动余地被限制在对立面的控制，建筑表皮的定义：那些建筑材料看上去仅此而已，失去了令我们对他们最初的尝试充满敬意的那种份量。

但是，在这几年的作品中也有像位于 Napa Valley 的 Dominus Winery 这样的成就，这个作品可以代表所有其他那些设计用来证明“材料是建筑表达的手段”。运用最基本的实体，冷淡而不傲慢，沉默而不喧嚣，H &de M 使我们所熟悉的一切都经由材料得到了转化。这个建筑作品简直纯粹地是对材料的升华与欢庆——一种无需形体的材料。形体可以在材料这一媒介中缺失与沉寂。只有材料是永恒的，只有材料可以发言和参与，拥有表达的权力。至少这一点在这个设计得以呈现，其中，材料的发明是其最显著的特点。我特别地使用了“发明”一词。在这里的情况下，材料要更加复杂：它充满了回声与幻想。那些金属石筐使人第一次见到就产生这样的感觉。我们通常是在加固切开的公路时才会见到那样的金属石筐，一种不透明的材料。从来不像 H &de M 在这里所提议的，是半透明的。使用半透明的金属石筐来建造墙体，H &de M 展现了他们作为发明者的素质。

通过使用这样一种有吸引力的新材料，H &de M 是希望提醒我们矿物材料在生命成长中所起的作用吗？那些被囚禁的石头是在诉说着对人类最初用作酒窖的岩石洞穴的怀念吗？是他们希望展示给我们这栋建筑在呼吸吗？还是使那些笼子里的石头能起到气候上的保障，同时又保持空气流动，来满足酿造上好葡萄酒的要求呢？我们可以问许多这样的问题。但我们宁愿集中我们的注意力在金属石筐材料上，而不要分散到那些超出职业或历史范畴的问题上。一连串的问题使我们不得不提到所涉及元素的巨石般的，近乎新石器时代的个性，从而评价这座意欲忽略任何与建造没有内在联系的建筑。在这里，建造表现得好像仅仅对墙的存在/外观感兴趣，而在Dominus Winery中并没有其他的建筑技术元素可以与之相提并论。屋顶与开口所占笔墨很少，而只是墙最有份量，以及它所建构的材料。

不过，在认识到这个设计中材料的重要性的同时，我们不应该忽视赋予了这样的建造以意义，并由此建立了它们之间的对话的正是周围的景观，那些生长在Napa Valley平缓坡地上的葡萄藤的几何形式。耕耘过的土地与这栋建筑恰恰相反，建筑在任何意义上都不能从环境文脉上来评价，而是赋予了已经存在的以新的内涵。也就是说，对于植物覆盖的大地，(建筑)并没有干扰她，也没有表明一种时间上的顺序。H &de M看起来对柯布西耶式的将建筑理解为“(建筑)漫步”并不感兴趣。如果一定要提及时间，只需要说，它阐释了西班牙诗人Jorge Guillen著名的诗句：“时间，永久地，驻留在葡萄藤里”。建筑师聚精会神于建筑体量的这种关注体现了对每一条盘绕于大地之上的葡萄藤的无时无刻的敬意：在这里所认真对待的价值被明显地当作一种源源本本的事实来对待。而且，这一点并非是轶事式的重复，而是恰恰相反，是通过一如既往地对重新从源初出发的探索而实现的超越。

他们最近的设计中在我看来值得一提的是位于Leymen的Rudin House。我不断地讲H &de M的作品表现出一种有意的对形象参照的忽略与轻视。我们已经在他们许多设计中看到了对所有来自类型的影响的消除，诸如Basel的铁路信号站，或Duisburg的Grothe Collection。然而在这里，形象表现得十分重要。毫无疑问，Rudin House对建筑评论提出了一个很有意思的问题：对

Dominus Winery

Dominus Winery

Dominus Winery

形象过于表面的引用实际上意味着对形象的忽视。最经典的家居的形式——我们从小就学着画的有坡屋顶的房子，被剥去了它所有的属性：没有屋顶，也没有墙；开口被布置得异乎寻常地含糊。我们在前面的段落所讨论的水平面被转化为一层薄板，割断了所有与地面可能的联系。H &de M想要通过消减它的形象为一种没有意义的空壳来驱除家居的意念，只剩下一段没有任何索引的话语。而这一点正是任务书所要求的，因为这位居住者最为关注个体之间乃至由此而来的所有建筑的彼此隔离的状况。关于起源的想法至此似乎被迫并无可避免地成为对类型中体现的历史的反映，而这一切使建筑师们得面对痛苦的对记忆的转化，我们甚至要称之为精神分裂。文丘里(Venturi)所决意追求的那种不可能的讽刺在这里竟然达到了一种从未有过的戏剧性。

结束之前，这篇文章不能不提到H &de M最新的设计，一个是位于Santa Cruz de Tenerife的Oscar Domingue的文化中心，还有就是Ricola的新的经营办公室。这些设计提供了新的值得研究的内容，初看起来，可能会打破那些为大家所习惯的印象，比如说总是把H &de M的作品和棱角分明的体量联系在一起。Kramlich House与Cottbus图书馆向我们展示了建筑师意识到科学上的新的转变：火炬已经从物理学传到了生物学的手里。在这些作品里，H &de M的形式与用来研究生物现象的模型相去不远。但是，任何想要在这些设计中发现有机建筑学的影响的假定都是徒劳的，因为我们知道，Frank Lloyd Wright的作品总是通过以中心作为不可避免的起点的几何形式来组织的。在(H &de M的)这些设计中，中心根本不重要。就像在细胞的世界里，生命通过其周边定义自身。所以，对周边的探索才是关键。在Cottbus图书馆的例子中，设计研究了周边与图形——首层平面——建筑师所孰知的方案之间的矛盾。

数学里排列组合的老想法又一次出现了。在位于California的Kramlich House的设计里，弯曲的线条交织在一起，所产生的虚实凸凹似乎可以满足各种复杂的使用和功能。我们可以在这个房子里注意到对偶然性的某种偏好。如果说在Rudin House中，家居性被刻意地驱除了的话，似乎矛盾的是H &de M在这里仿佛要告诉我们，即使没有建筑师的设计，也没有平面图来限定房子的空间，依然可以有建筑产生的可能。

在Oscar Dominguez文化中心和Ricola的新办公室的设计中，H &de M提出了一种介于场所周边与建筑物之间的不常有的对话。一般来说，正如人们所说明的那样，它们的抽象体量流露着对周围事物的漠不关心。Rossi所讲的对功能的不关心在他们的作品中被转化为对场所的不关心。然而，这里的例子并非如此。在为Canary Islands所设计的文化中心中，建筑形式的构思来自于道路和场地的周边轮廓所提供的由斜角构成的复杂几何形体。建筑师正是在这些人为辅助线的帮助下进行建造的。几

何形体之间的对话在这里被转化为建筑的实存和依据。在很大程度上，Ricola的设计也是如此，倾斜的玻璃板的运用把建筑外墙变为一种迷人的建筑体验。无论是谁，研究平面时都会理解这里的斜角几何形体对保持室内外空间的平衡是多么重要，以及它们如何使我们对室内外同样地感兴趣。

毫无疑问，对于许多关注 H &de M 的事业发展的建筑师来说，这些作品所引起的惊喜，丝毫不亚于对他们能始终保持一种开放积极的态度所需要的勇气的赞赏：看到像H &de M 这样成熟的建筑师，把这样一种精神贯彻在他们最新的作品中确实令人欣喜不已。

[译者注：原文发表在 1999 年 5，6 月合刊的 *AV Monografias*。这篇文章所涉及的三位建筑师都是同时积极参与设计实践和教学，他们的作品与思想可以说在现在的建筑领域有着相当重要的影响，作为对他们的贡献的肯定，Jose Rafael Moneo 于1996年，Jacques Herzog 与 Pierre de Meuron 于 2001 年先后获得了 Pritzker Architecture Prize。Moneo 教授在这里既把 H &de M 的作品放在一个相当大的历史背景之下，又深入地将批判从哲学的高度贯彻到建筑的构造节点，尤为可鉴地对建筑设计直接进行了严谨的学术评论。在此推荐给大家。]

Dominus Winery

Dominus Winery

Dominus Winery

Rudin House

Jacques Herzog
1950 年生于 Basel, 瑞士
1975 年毕业于苏黎士 ETH, 获建筑学位
1977 年在苏黎士 ETH 担任 Dolf Schnebli 教授的助教
1978年与 Pieere de Meuron 一起成立 Herzog & de Meuron, Basel
1983 年获聘美国纽约州 Cornell University, Ithaca 的指导教师
1989 年获聘美国麻萨诸塞州 Harvard University, Cambridge 的客座教授
1994 年至今获聘美国麻萨诸塞州 Harvard University, Cambridge 的客座教授
1999 年至今获聘瑞士苏黎士 ETH，Basel 设计课教授

Pierre de Meuron
1950 年生于 Basel, 瑞士
1975 年毕业于苏黎士 ETH, 获建筑学位
1977 年在苏黎士 ETH 担任 Dolf Schnebli 教授的助教
1978 年与 Jacquesn Herzog 一起成立 Herzog & de Meuron, Basel
1989 年获聘美国麻萨诸塞州 Harvard University, Cambridge 的客座教授
1994 年至今获聘美国麻萨诸塞州 Harvard University, Cambridge 的客座教授
1999 年至今获聘瑞士苏黎士 ETH，Basel 设计课教授

Jose Rafael Moneo
1937 年生于西班牙 Tudela, Navarra
1961年毕业于马德里 Technical School of Architecture
1963 年得到罗马西班牙学院的两年奖学金
1966年～1970年回到马德里 Technical School of Architecture 任教
1970年成为巴塞罗那 Technical School of Architecture 的建筑理论教授，同年提名为马德里 Technical School of Architecture 教授
1976 年受邀成为纽约 Institute for Architecture and Urban Studies 及 Cooper Union School of Architecture 的访问学者
20世纪70年代末，80年代初受聘为 Princeton University, Harvard University 及瑞士 The Federal Polytechnic School in Lausanne 客座教授
1985 年～1990 年 为 Harvard University 设计学院建筑系主任
1991 年被提名为该校 Josep Lluis Sert Professor of Architecture

Photo Credits:
<*Herzog De Meuron*
1992-1996 Complete Works vol.3>/
1,2,3,4,5,6,7,11,21
林皓 /8,9,10
钟文凯 / 12,13,14,15,16,17,18,19,20
(插图均为译者所加)

动态、信息

巴塞罗那论坛2004

时间：2004年5月9日至9月26日

地点：西班牙，巴塞罗那

内容：不断蔓延的全球化使当今社会产生了许多问题与挑战，影响到现今的生活和未来。巴塞罗那论坛是一个全球文化论坛，主题为“今日世界”。论坛将是一个世界之窗，通过对文化多样性、可持续发展、和平环境等问题的讨论，使全世界人民团结起来共商解决问题的办法，共同面对明日的挑战。论坛期间，来自世界各国、具有不同文化背景与风格的艺术家将举办400余场音乐会和传统的体育项目表演。

美国西雅图新市政厅投入使用

8月份西雅图市市长格里格·尼克斯搬进了新的市政厅大楼。这座耗资7200万美元的建筑由BohlinCywinskiJackson公司（BCJ）设计，方案仍然按照1999年通过的时候进行。方案刚出来的时候曾经遭到过反对，因为办公空间和会议厅是分开来的，缺乏整体性。但是设计者却不为所动，坚持说这个项目并不是强调整体性，而是每一部分都尽量突出自己的完美风格。连接办公楼和会议厅的两层楼高的大厅前面是一排锥形的柱子，构成了新古典主义市政建筑风格的柱廊。安排了财会部和市长办公室的办公楼高5层，玻璃墙体，和周围的商业建筑风格相仿。大厅的一层空间很大，却不奢华，有喷泉和水池。大厅天花板采用了不透明的蓝色玻璃，用枫木板填实，能够映照出人影来。（摘自自由建筑报道）

“第一届国际热带建筑研讨会”征稿

由国际热带建筑网组织召开的“第一届国际热带建筑研讨会”开始征稿，研讨主题是热带地区的建筑与城市设计。会议中心议题是可持续与社会（有关社会文化方面的相关论题，可持续策略与技术下的热带地区地方传统与人类需求）。

会议主办者希望通过此次会议，能够让大家分享对于气候的不同研究与实践解决方案，讨论进一步推进热带地区的环境与社会的可持续发展。具体内容涉及：地方文化与热带气候、社会活动与习惯差异、传统（本土）建筑与城市形态、设计理论、建筑语言、技术与材料、环境控制与技术、计算机辅助设计与知识体系、设计标准、规范与评价……等近30个题目。

会议时间定于2004年2月26～28日，地点在新加坡国立大学。会议正在征集论文，500字摘要，详情请登陆www.arch.nus.edu.sg/iNTA/index.htm查询。（天津大学　高辉）

北京市建委组建庞大专家顾问团

（据《中国房地产报》记者春华报导）日前，北京市建委科学技术专家委员会成立，由97名专家组成庞大的顾问团。专家委员会主要工作职责是：根据国家建设方针和科技发展方向，结合北京实际，提出北京市建设科技发展规划建议；对建设科技难点开展调研，为决策系统提供依据和咨询；为重点工程重大科技项目提供科技服务和指导；重大工程质量事故分析和处理方案的审查等。科技专家委员会下设岩土工程、建筑结构与施工、市政与道桥、城市交通、建筑节能与环保，以及建材与制品等6个专业委员会。

国家经贸委将组织实施太阳能与建筑一体化示范试点工作

（据《太阳能信息》报导）为了推动我国太阳能热水器产业的健康发展，国家经贸委将在联合国基金会的支持下，会同建设部组织实施太阳能与建筑一体化示范工程。在组织示范试点的同时，会同建设部、国家标准化管理委员会等有关单位制定新一代与建筑结合的太阳能热水器屋顶构件国家标准和屋顶设计、安装、验收规范；在开展示范工程和制定标准规范的过程中，要积极引导建筑设计单位、房地产开发商、太阳能热水器生产企业参与示范工程建设和太阳能热水器作为建筑构件制造技术的开发和推广；与建设部门合作，逐步将太阳能热水器纳入到建筑设计中，进入建筑业市场。

据不完全统计，截至2001年底，全国太阳能热水器保有量已达3300万m^2，年产量达到780万m^2，形成了年节约500万t标准煤的能力，全行业实现总产值近100亿元。我国已成为世界太阳能热水器生产和保有量第一大国。（天津大学　高辉）

梁柱——板柱组合住宅结构体系

新型梁柱——板柱组合住宅结构体系是南京市墙改工作中一项重要的科研项目。该结构体系保留了框架结构和板柱结构的优点，克服了它们的缺点，具有重量轻、抗震性能好、空间开阔（开间6～10m）、投资省、施工方便快速和应用新墙材范围广等特点，适用于多层和高层住宅建筑，尤其适用于多功能的综合楼。从试验结果来看，该体系适用于8级及8级以下抗震设防区，16层以下不需加剪力墙。

上海开发轻钢结构住宅

近日在上海举行的“2003中国（上海）钢结构住宅产业与住宅科技博览会”上，一种新型的MST美式轻钢结构住宅样板房，吸引了众多参观者的“眼球”。

这种轻钢结构住宅在引进全套美国钢结构设计方法和制造技术的基础上，结合我国各地域的建筑风格及特点，进行了技术改进和深化设计，解决了民用轻型钢结构建筑防火性能、防腐性能方面的缺陷。同时MST体系住宅在建造过程中完成了装潢和智能布线以及中央空调等的安装，为居住者提供了可以度身定做的个性化DIY模式。（摘自中国建设报第3037期）

建材行业下半年将有三大动作

建材行业在全国经济稳步发展的大背景下实现行业整体盈利。对于下半年的趋势展望，中国建材工业协会行业工作部有关负责人在接受记者采访时强调，建材行业发展的关键还是企业的结构调整，政府有关部门的支持也很重要。

首先，大型建材企业集团要进一步加大结构调整力度。中小型建材国有企业加快企业转制过程，优势企业要发挥引导作用，加快建筑材料革新进程，加快建材流通信息化建设。推进建材产品流通现代化。大力开发城镇和农村市场，并建立相应的营销网络，推广使用先进的节能技术、环保技术以及高性能、高附加值的新型建筑材料。提高资源综合利用效率，尽快使环保工作由“末端治理”向全过程控制转变。

其次，调整出口建材产品结构。出口企业应提高出口产品质量，增强品牌意识。要以发展中国家为主要目标，进一步扩大对外建材成套设备、技术和服务的出口。另外，建议政府有关部门提高建材产品出口退税比例，加快出口退税手续的办理，鼓励企业扩大出口。

第三，政府部门要大力整顿建材市场经济秩序，杜绝应淘汰企业以各种理由继续生存的现象。进一步减轻国有建材企业的社会包袱和历史负担，推动企业的改革和发展。切实简化投资审批程序，落实鼓励和优惠政策，支持优势企业。

该负责人还要求各行业协会要积极发挥对行业的信息引导和服务作用，组织企业做好反倾销预警工作，积极应对国外对我国建材出口产品的反倾销调查，在利用世贸组织规则维护行业和企业合法权益的同时，积极组织企业加强自律，配合政府做好整治工作。（摘自中国住宅设施第1期）

关于联合举办“西门子楼宇自控认证工程师培训”的通知

随着建筑智能化技术发展，建筑物功能要求的提高，楼宇科技技术在建筑智能化系统工程建设中广泛应用。为适应广大工程技术人员的需要，加强智能建筑行业相关技术人员楼宇科技专业知识，提高业务素养和技术能力，西门子楼宇科技（中国）有限公司与建设部干部学院智能建筑技术培训办公室2003年11月上旬将在上海联合举办“西门子楼宇自控认证工程师培训”。培训将由业内专家以及西门子培训工程师结合工程实际应用系统授课。

建设部发布建筑节能设计新标准

建设部发布行业标准《夏热冬暖地区居住建筑节能设计标准》。该标准将于今年10月1日起实施，其中有8条为强制性条文。该《标准》的出台，意味着今后很多住宅项目从设计时就要考虑到节能的问题；设计出来的产品不但要美观，而且要注意节约能源。该《标准》对建筑物外窗的面积比例进行了强制性规定，还规定了天窗的面积和传热系数。该《标准》还在中央空调的分户调节控制、空调主机是否可能对水源造成污染等方面进行了强制性规定。

有专家认为，目前全国城镇符合节能标准的建筑仍不足3%，如果建筑节能得到有效推行的话，人们付出的能源费用就会减少很多。（摘自消费日报）

新一代节能铝合金窗

国内新一代节能铝合金窗——环保型保温隔声防振节能铝合金窗正式通过国家鉴定，并投放市场。

该窗专用异型型材结构均采用先进的计算机进行最优化搭配设计，主体结构采用全封闭，边框留有固定的装修位置，框边、中滑、壁厚等核心尺寸均搭配合理，用料讲究；框边则采用整管式和台阶式两种方式，下滑道为先进的弧型台阶式，彻底解决了存灰、存水、结冰的弊端；窗扇与各部的接触点均为六层封闭，其中四层为PS胶管封闭，并在整个窗体每一种部件型材的腔体内填充隔声、保温、防振作用的专用材料，同时巧妙设计出单双玻璃两用结构窗，使其具有良好的防潮、防腐、防结露功能；纱窗与窗体结合紧密，推拉自如。整窗结构紧凑，整体豪华大方，内在抗折、密封性强，具有优良的节能和隔声性能，节能效果十分显著，成本比传统产品低30%。

《新建筑、新技术、新材料》年刊　征稿函

随着社会经济的发展和科学技术的进步，新建筑、新技术、新材料日新月异、层出不穷。新技术和新材料丰富了建筑语汇，为建筑创作提供了更加广阔的空间，反之新建筑的发展日益对技术和材料提出了新的要求。因此建筑师、开发商迫切需要了解国内外建筑新技术、新材料的实际应用情况，同样材料厂商也需要了解建筑市场的需求状况，并将自己的产品技术展示出来，向业内人士推广。这就需要一个平台将双方联系起来。目前图书市场上建筑、技术、材料的单一专业书刊繁多，但综合反映新建筑、新技术、新材料的书刊甚少，特别是从建筑角度介绍如何在建筑设计中应用新技术和新材料的书刊更少。

即将由中国建筑工业出版社出版的《新建筑、新技术、新材料》就是这样的一本专业性很强的期刊，它着重将新技术、新材料在建筑中的具体应用实例展现出来，为建筑师、房地产商、材料厂商之间搭起一座沟通的桥梁。

年刊每年出版四期，大16开进口铜板纸彩色印刷，制作精美。通过全国新华书店发行。

现向建筑业内人士诚征工程实例和技术材料信息，这将成为各单位信息交流、向读者展示实力与水平的宝贵宣传机会。

各栏目征稿的要求如下：

一、工程实例

1. 对该工程的简要文字介绍、主要图纸及外景照片；
2. 该工程中有关新技术、新材料的应用详细文字介绍；
3. 有关新技术、新材料的施工节点详图；
4. 有关新技术、新材料的细部照片。

二、 新技术、新材料推介

1. 新技术、新材料的详细文字介绍、图示；
2. 新技术、新材料的各项技术指标、与同类产品的比较；
3. 新技术、新材料在建筑中的应用实例。

三、热点论坛

业内人士对目前市场上应用新技术、新材料的建筑实际效果发表评论。

四、特别报道

1. 国外新建筑、新技术、新材料的发展趋势，相关动态；
2. 优秀案例选登。

以上各稿件要求必须未曾在国内同类期刊上刊登，所有图片或图纸要求清晰。稿件一经采用，可免费赠送当期年刊。

联系地址：北京百万庄中国建筑工业出版社　邮政编码：100037　联系人：唐旭 李东禧

电话：(010)68394822　手机：13301027597 13701339030　电子信箱：tangx@china-abp.com.cn

下期年刊专题为“墙体材料”，包括砌块、混凝土、木材，保温、节能材料等。目前国内对生态建筑的研究已日趋成熟，可结合此观点对墙体材料的可持续发展做深入探讨。

另外，年刊每期除专题文章外还会刊登国内外新建成的优秀项目；对目前运用了新结构形式、新材料的建筑实例分析；业内热点问题讨论；建筑师、专家访谈等。

希望您对年刊的内容及形式多提宝贵意见。您的支持是本刊办好的重要条件！

读者意见调查表

姓 名		通信地址			
电 话		传 真		E-mail	

个人资料（编辑部对所有个人资料绝对保密）

年 龄		性 别	□ 男 □ 女
		学 历	□ 大专 □ 大本 □ 硕士 □ 博士 □ 其他
公 司			
职 业	□ 建筑师 □ 工程师 □ 经理人 □ 其他		

内容调查	你是否经常阅读以下杂志？（可多选）	□《世界建筑》 □《世界建筑导报》 □《时代建筑》 □ 国外建筑设计杂志
	你是否对以下领域有强烈的兴趣？（可多选）	□ 室内 □ 建材 □ 结构
	是什么原因驱使您购买本刊？（可多选）	□ 封面图片 □ 标题 □ 朋友/家人介绍 □ 内容吸引人 □ 其他（请注明）
	您希望阅读什么类型的内容？	□ 工程实例 □ 发展趋势 □ 热点讨论
	本刊对您有如下用处吗？	□ 借鉴别人的建筑设计 □ 学习新技术的应用
	您认为什么类型的封面适合本刊？	□ 建筑物 □ 简洁的平面构成 □ 其他

您希望本刊加强或增加哪些内容？

非常感谢您对我们问卷调查活动的支持。请将完成的问卷寄往：

北京百万庄中国建筑工业出版社416室。邮编100037　或传真至(010)68334844

清华大学
建筑玻璃与金属结构研究所

清华大学建筑玻璃与金属结构研究所是由清华大学土木水利学院和建筑学院共同合作的跨院系研究所，1999年成立至今，得到了学校、行业核心企业和社会各界的大力支持。

研究所是校企合作、面向社会的独立核算实体，设建筑技术研究、结构工程研究、智能幕墙研究等部。主要从事由玻璃、金属(包括钢材、铝、钛等合金)等材料建造的建筑相关的工程设计、技术开发、技术交流和技术咨询等工作；根据学科发展和技术发展及社会需要，选题立项进行科学研究和推广应用。

研究所人员依托学校和社会实行聘任和兼职并举，下设学术委员会和技术交流委员会。学术委员会负责研究所的学科发展和研究方向的决策，以及重大研究课题的审批；技术交流委员会目的在于扩大研究所的社会影响、加强横向联系，推动行业发展。为了扩大技术交流，殷切希望得到业内有识之士的关心、支持和加盟。

址：北京市清华大学土木馆新馆建设管理系111室　　邮编：100084
话：010-62782708　　传真：010-62782708　　E-mail:JBS@mail.tsinghua.com.cn

★ 建筑幕墙工程专项设计甲级资质
★ 建筑幕墙工程专业承包壹级资质
★ 建筑智能化工程专业承包壹级资质
★ 建筑钢结构工程专业承包资质
★ 建设部建筑幕墙设计、制造、安装定点企业
★ 中国建筑金属结构协会铝门窗幕墙委员会副理事长单位
由晶艺公司承建的

图书在版编目(CIP)数据

新建筑 新技术 新材料／中国建筑工业出版社等主编 —北京：中国建筑工业出版社，2003
ISBN 7-112-06031-1

Ⅰ.新... Ⅱ.①中... Ⅲ.①建筑工程－新技术 ②建筑材料 Ⅳ.TU

中国版本图书馆CIP数据核字（2003）第083505号

新建筑 新技术 新材料

中 国 建 筑 工 业 出 版 社
北京中新方建筑科技研究中心 主编
清华大学建筑玻璃与金属结构研究所

中国建筑工业出版社 出版、发行（北京西郊百万庄）
新华书店经销
北京中科印刷有限公司印刷

开本：880×1230毫米 1/16 印张：7 字数：222千字
2004年1月第一版 2004年1月第一次印刷
定价：48.00元
ISBN 7-112-06031-1
TU·5300（12044）

本社网址：http://www.china-abp.com.cn
网上书店：http://www.china-building.com.cn